岩 波 現 代 文 庫

鳥肉以上、鳥学未満。

Human Chicken Interface

川上和人

Kazuto Kawakami

社会 337

岩波書店

目　次

カバー・扉イラスト＝竹内舞
本文イラスト＝安斉俊
（vi・vii・26・39・54・59・64・70・95・125・137・183頁イラスト＝著者）

TODAY'S SPECIAL
シェフの気まぐれ四相図
手羽端
セセリ
手羽中
手羽元
モモ肉
ボンジリ
胸肉
スネ肉
モミジ

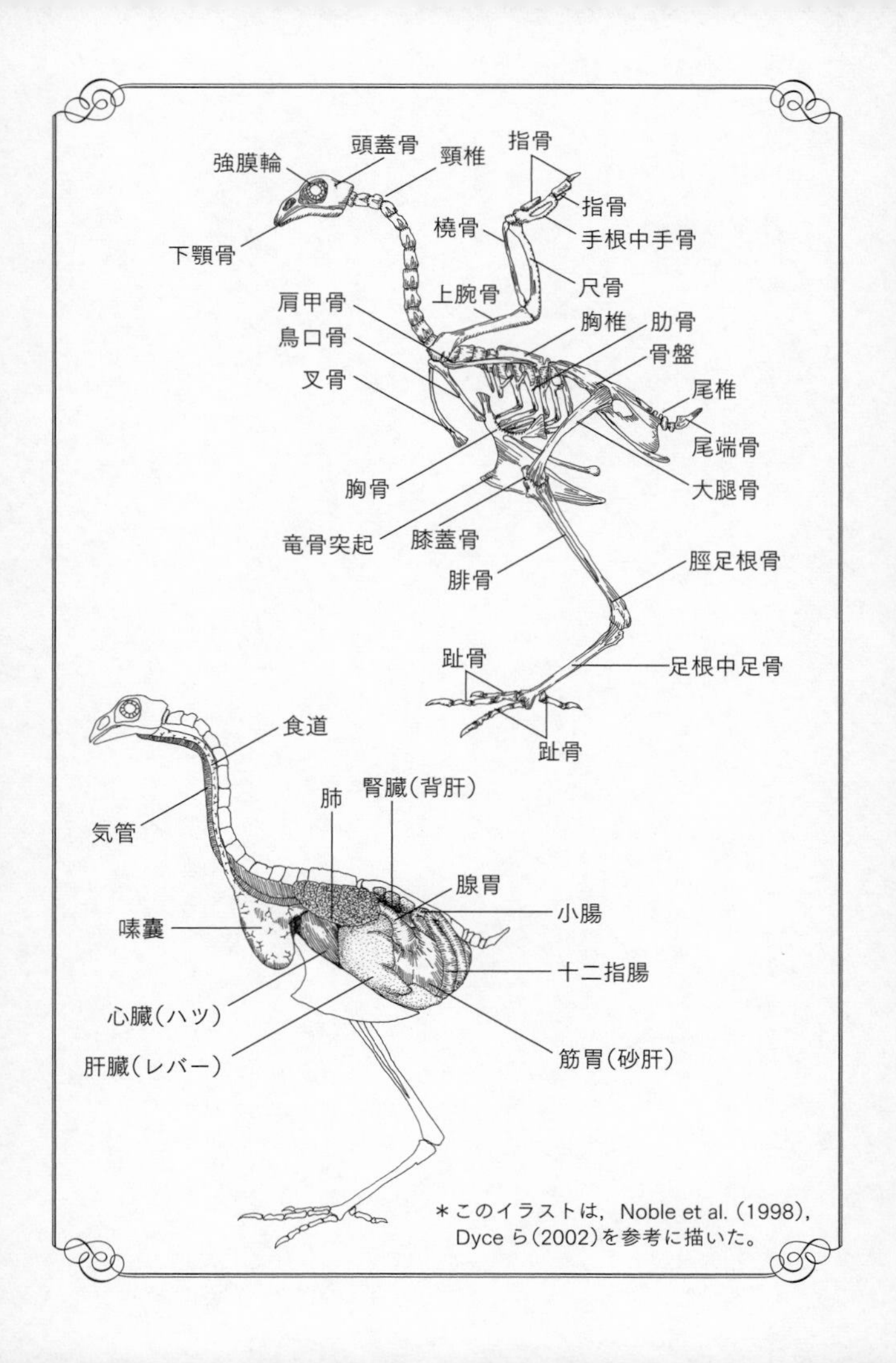
頭蓋骨
強膜輪
頸椎
指骨
指骨
手根中手骨
橈骨
下顎骨
尺骨
上腕骨
肩甲骨
胸椎
肋骨
烏口骨
骨盤
叉骨
尾椎
尾端骨
胸骨
大腿骨
竜骨突起
膝蓋骨
腓骨
脛足根骨
趾骨
足根中足骨
趾骨
食道
肺
腎臓(背肝)
気管
腺胃
小腸
嗉嚢
十二指腸
心臓(ハツ)
肝臓(レバー)
筋胃(砂肝)
＊このイラストは，Noble et al. (1998)，
Dyce ら(2002)を参考に描いた。

プロローグ　ニワトリが先か、卵が先か

幸せの黄色いくちばし

確かに「チキンバーガー」と書いてある。しかし、これは本当にチキンバーガーなのだろうか。

バーガーはハンバーガーの略だ。ハンバーガーは、ハンバーグをパンで挟んだサンドイッチであり、ハンバーグあってのハンバーガーだ。つまり、バーガーを名乗る以上ハンバーグは必須である。この事実から合理的に回答を導くと、チキンバーガーはハンバーグをチキンで挟んだ肉オン肉のマッスル料理であるべきだ。ちなみにハンバーグはハンブルク風ステーキのことなので、チキンバーガーを直訳すると「ビビリのハンブルク市民」となり、国際紛争に発展しかねないので気をつけたいところだ。

一方で私の手の中には、キツネ色に揚がった鳥肉がパンに挟まり満足そうにしている。外はカリッと中はジューシー、ハンブルク感なぞどこ吹く風である。誤解が誤解を生み、チキンバーガーはその名前から想定される姿と全く異なった状態に置かれ、ファースト

フード店を混乱の渦に陥れている。ドイツ人も腹わたの煮えくり返る思いをしていることだろう。

＊

人類は古来より鳥類に親しみ、理解しようと努め、そして鳥学を発展させてきた。紀元前4世紀のギリシャの哲人アリストテレスの著書『動物誌』にはツバメやキツツキなどさまざまな鳥の生態が記されている。紀元前5世紀までにインドで編纂された宗教的文献ヴェーダには、オニカッコウの托卵に関する記述がある。人類の歴史は鳥学の歴史なのだ。

チキンサンドイッチ。

鳥学の黎明から約28世紀、葛飾北斎は花鳥画を描き、駄菓子屋には森永チョコボールが並び、幼稚園では天使のような子供たちが無邪気に無邪気な鳥の絵を描いている。日常のあちこちで鳥類の姿が垣間見られることは、実に好ましいことだ。

しかし、よく見てみると、どの鳥もくちばしが黄色く塗られている。もしかしたら、あなた自身も、鳥に黄色いくちばしを描いた経験があるかもしれない。

一方で、日本の野生の鳥を見回すと、くちばしは主に黒か茶色である。ツバメも、スズメも、ハトも、身近な鳥のくちばしは、たいがい黄色くない。普段目にする鳥の中で、黄色いくちばしをもつのは、ムクドリとサギぐらいである。無論、野生のキョロちゃんのくちばしだって暗黒卿並みに真っ黒のはずだ。鳥のくちばしは黄色、というのは先入観に過ぎないのだ。

食物と芸術は、人類と自然をつなぐ最大の接点である。しかし、3000年に及ばんとする鳥学の歴史が築きあげてきたものが、チキンバーガーと黄色いくちばしである。なんという体たらくか。

鳥類に関わる誤解は、あまねく解消しなくてはならない。

何故ならば、私は鳥類学者だからだ。

舌切り雀の絵本でも、しばしば黄色いくちばしが描かれるが、実際のスズメのくちばしは黒い。

ニワトリの中心でトリを叫ぶ

チキンバーガーの主役はチキン、すなわちニワトリである。この鳥をご存じない人はほとんどいないはずだ。グーグルで検索すると、「ニワトリ」は169万479万ヒットだった。「グレムリン」が169万ヒット、「リトル・グレイ」ですら465万ヒットであることを考えると、ニワトリの知名度の高さが窺われる。

私たちは、日常的にニワトリを食物とし、栄養として身体の一部を構成するに至っている。人はしばしば人間相手に食べてしまいたいほど好きだと言うが、本当に食べるほど愛のある人はレクター博士ぐらいしかいない。しかし相手がニワトリなら皆こぞって実行に移すわけだから、これはもう恋人以上の関係と言わざるを得ない。これほどまで溺愛されている鳥類は、他にいない。

この親密な関係ゆえ、ニワトリは鳥類を知る上で大きな武器となる。私たちは、ニワトリを文字通り肌身に知っているのだ。肉屋の中をうかがえば、内臓から足まで、さまざまな部位が市井に供せられる姿を目の当たりにし、昼下がりのキッチンでは、生前を彷彿とさせる原形に近い姿で俎(まないた)をにぎわせている。時には、丸鶏がショーケースを彩ることも珍しくない。クリスマスに恋人とチキンレッグを平らげれば、甘美な時間の合間に鳥の脚の構造を理解できるという寸法だ。お皿とソースの間に、鳥類学の教科書が挟まっているのだ。

これに対し、丸ブタや丸ウシは、一般に店頭では売られていない。たとえ見つかっても、丸焼き用の子豚ですら2万円、肉牛は安くとも数十万円、A5ランクの黒毛和牛なら数百万円を叩き出し、おいそれと買い物かごに放り込むこともできない。もちろん、自宅のオーブンに収まりづらいことも買い控えの原因の1つだ。おかげでウシやブタの肉は、断片的なパーツとして販売される羽目になる。このためチャーシューメンやビーフカレーから、哺乳類の形態的特徴を想像するのは容易ではない。爬虫類や両生類、昆虫に至っては、肉屋での邂逅のチャンスはなく、万が一出会った場合には害虫扱いである。鳥学には、ニワトリを介した生活との接点という点で、他の動物にはない有利さがあるのだ。

さて、前置きが長くなってしまったが、この本では身近に観察できるアドバンテージを拠り所とし、鳥肉を通じて、鳥類についての誤解を解き、理解を深めていくという算段を描いている。

鳥類を考える上で、ニワトリを利用しない手はあるまい。

ニワトリあれ。ニワトリが始まった。

この本の主役は、ニワトリである。ニワトリは、アフリカからイースター島まで、世界中で飼育され賞味されている。ウシを神聖視するヒンドゥー教徒も、ブタを禁じられたイスラム教徒も、ヘルシー嗜好のハリウッドセレブも、ニワトリには寛容だ。農林水産省の統計によると、1年間に国内で出荷されているニワトリは約7億5000万羽、卵は約250万トンに上る。毎年1人当たり約6羽、卵約300個を消費していることになり、極めて一般的な食物と言える。

ニワトリは、キジ目キジ科に属するセキショクヤケイを家禽化したものだ。セキショクヤケイは、インドから中国南部、東南アジアにかけて自然分布している。ヤケイの仲間は複数種いるが、DNA分析からはセキショクヤケイを中心に複数の近縁種と交雑しながら家禽化されたものと考えられている。祖先の面影は現在のニワトリの体に刻まれており、その黄色みのある肌の色は、セキショクヤケイの近縁種ハイイロヤケイに由来する形質と考えられている。ニワトリの主要な起源がセキショクヤケイであることは間違いなさそうだが、長い歴史の中で近縁種との交配が繰り返されることで、現在の姿が形作られたのだろう。

ニワトリの家禽化の歴史は古く、特に中国北部の遺跡からは多くのニワトリと見られる骨の出土が報告され、最古のものは約1万年前とも言われる。しかし、この最古の骨については、ニワトリのものではない可能性も指摘されている。これまでのところニワ

セキショクヤケイ。
地鶏などに面影が残る。

トリとして確からしい最古の骨は、中国中部の4000～5000年前のものと考えられている。このように古い骨が見つかることから、ニワトリの家禽化は中国で生じたとする説がある。

一方、ニワトリのDNA配列を調べた研究では、多様性の高さから、家禽化の起源はインド周辺にあるとする説もある。ニワトリの起源に関する研究は、今なお旺盛に行われているが、まだ確実な特定には至っていない。いずれにせよ、アジアで家禽化され、石器時代から青銅器時代までに、ユーラシア大陸に広がったと考えてよさそうだ。

日本では、長崎県壱岐や福岡、大阪、奈良、愛知などの弥生時代の遺跡から、ニワトリの骨が見つかっている。最古のものは2400～2000年前の奈良県の唐古(からこ)・鍵(かぎ)遺跡から報告されている骨だ。弥生時代といえば農耕が拡大した時期である。これに伴い、ニワトリの飼育も拡大したのだろう。古墳時代には各地で鶏形埴輪も見つかっており、紀元4世紀頃までに身近な存在となっていたようだ。ただし、弥生時代の遺跡から出現するのはオスの骨が主であるため、この当時のニワトリは食用というよりは鑑賞用などのために飼われていたものと推測されている。

鳥もおだてりゃ大地を歩く

さて、ここで鳥類というグループの特徴を考えてみたい。

このグループを際立たせているものは、間違いなく飛翔である。鳥の特徴といえば尾端骨だと思った人は、マニアックすぎて読者失格である。ペンギンやダチョウが、キャラクターとして確固たる地位を築いているのも、鳥のくせに飛ばないという、逆説的な魅力を有しているからだ。

ご存じの通り、ニワトリはあまり飛ばない。そもそもニワトリを含むキジ科自体があまり飛ばないグループである。クジャクやシチメンチョウもキジ科に含まれ、世界を見渡すとこの科には約１８０種が属する。この中で渡りをするのは、日本にいるウズラやヨーロッパウズラ、ヤクシャウズラ、カラフトライチョウなど数種のみであり、他のキジ科の鳥は基本的に長距離飛翔を行わない。無飛翔性ではないが、普段はねぐら入りで枝の上に飛んだり、捕食者から逃げるために短距離を飛翔したりするのが主だ。飛ぶよりも、地上を歩くことを得意とするグループといえる。

キジ科の中でも、ニワトリは特に飛ばない鳥である。なにしろ、食べるために飼育しやすく品種改良されてきたのである。おかげさまで、肉が多いほど褒められる。空を飛んで逃げないほど褒められる。褒めて育てられた箱入りの彼らは、体重を増やし、飛ばない未来へむけて今も歩み続けているのだ。

つまりこの点で、ニワトリは極めて鳥類的でない特徴をもつと言ってよい。

言うなれば、ニワトリはガンタンクである。確かにガンタンクも立派なモビルスーツだ。しかし、キャタピラに身を預けるその機体は、私たちが心酔する巨大人型機動兵器ではない。たとえ身近な存在であったとしても、ガンタンクを見て「ふむふむ、モビルスーツというものはシザーハンズより手が不器用そうなものなのだなぁ」と思い込むのは危険なことだ。これと同様、ニワトリを見て鳥を理解した気持ちになってはいけないのである。

鳥類学者のジレンマ

前述の通り、ニワトリが鳥類を理解する玄関ポーチになることは、間違いない。先に、黄色いくちばしの誤解について述べたが、これは最も身近な鳥であるニワトリからの連想だろう。アヒルなど、他の家禽の影響もあるかもしれないが、おそらくニワトリの貢献は小さくない。良きにつけ悪しきにつけ、人は、身近な鳥であるニワトリのイメージを拡張し、鳥類を理解しようとすることがある。

その一方で、ニワトリが鳥類らしくないことも先述の通りだ。単に飛ばないだけでなく、彼らは長期間をかけて品種改良され、特殊な条件が選抜されてきている。このため、自然界で適応的に進化させてきたものとは異なる形質をもってしまっている。

たとえば、ニワトリはしばしば真っ白な羽毛に包まれている。もちろん、チャボやシャモなど、白くない品種もたくさんあるが、白色品種がニワトリの代表的イメージであることは、否定できないだろう。

しかし、原種であるセキショクヤケイは、その名の通り赤褐色だ。その名残は、地鶏の姿の中に見ることができる。飛翔を得意としないキジ科では、ひとたび捕食者に見つかれば、命を落とすリスクは大きい。そんな彼らが、野外で目立つ真っ白な姿をのうのうとさらせば、ブルース・ウィリスも真っ青なスリルとサスペンスの世界に真っ逆さまである。このため、キジ科ではカモフラ色が進化している。捕食者の目をかいくぐりながら生きる野生個体に白色は許されず、あくまでも人間が選抜してきた結果としてできた、適応進化とは異なる物語の産物なのだ。

鳥類を考える上で、ニワトリほど便利で不便な存在はない。鳥類の代表格にして異端児。それが彼らの本質だ。

鳥学キッチンにようこそ

前置きがさらに長くなってしまったが、この本では、ニワトリのもつ代表性と異端性を念頭に置きつつ、鳥類の性質について考えていきたい。

商店街で手に入る、ニワトリのさまざまなパーツには、鳥類の特徴が隠されている。これら１つ１つのパーツを観察し、時に賞味しながら、鳥類の進化や生態に迫ろうではないか。

まずは、マーケットの中でも、最も広い床面積を占める胸肉にアプローチしてみよう。ぜひとも、胸肉を握りしめて紙面をめくっていただきたい。お見せできないのが残念でならないが、もちろん私も、胸肉を握りしめながら原稿を書いている。キッチンに転がる鳥学の欠片を一緒に見つけることができれば、幸甚の至りである。

＊

なお書き忘れていたが、ニワトリが先か、卵が先かは、鳥学ではなく哲学の範疇である。よくわからないので、アリストテレスにでも聞いてみてくれたまえ。

1

ツバサをください

胸肉は、フライの後で

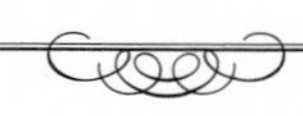

まずはニワトリの勝ち

スーパーマーケットのことを、略してスーパーと呼ぶ。しかし、スーパーマーケットで重要なのは、あくまでも「マーケット」の部分だ。すごいマーケットだから、スーパーマーケットなのだ。マーケットを省略しては、何がすごいのかわからず、元も子もないではないか。

と、いつも通り日本語の乱れに対する憤りで暇つぶしをしながら、近所のスーパーの精肉コーナーに行ってみた。扱われている肉は、主にウシ、ブタ、トリである。これら3種の売り場面積は、ほぼ互角である。販売されている重量も、同じぐらいと仮定しよう。ウシ1頭を約700kg、ブタ1頭を約100kg、ニワトリ1羽を約2kgとしたら、ニワトリの販売個体数はウシの350倍、ブタの50倍である。ニワトリ、1勝。

次に、鳥肉に目を光らせてみよう。このコーナーでもっとも面積を占めているのは、胸肉である。今日のお値段は100gあたり58円、豚肉は約150円、牛肉は約250円だ。確かに、豚肉や牛肉もおいしい。その値段を払う価値はあるだろう。しかし、科学者たるもの、綿密に検証しなくてはなるまい。

仮に、豚肉は鳥の2倍、牛肉は3倍おいしいとしよう。しかし、値段が高ければ、おいしくて当たり前だ。そこで、鳥肉の1円あたりのおいしさを「1トリ」として計算すると、豚肉と牛肉のおいしさは、それぞれ約0・77トリと0・7トリだ。つまり、単価あたりのおいしさは、鳥肉の方がはるかに勝る。ニワトリ、2連勝。

というわけで、日本人が最も好んで買っている肉は、鳥の胸肉である。

そして、胸肉の価値

さて、鳥コーナーを見ると、胸肉の売り場面積が広い。手羽先なんかに比べて、断然広い。これは、胸肉が美味しくて美味しくてしょうがないからではない。実際のところ、私も手羽先の方が好きだ。きっと貴台もそうだろう。しかし、それでもスーパーは胸肉販売に広いスペースを割くことをやめない。その理由は明快だ。なぜならば、鳥肉の中で最大の重量を占めるのが、胸肉だからだ。

実証のため、再度スーパーに行き鳥の丸焼きを買ってきた。残念ながら、頭と足先は落とされ、内臓も入っていない。これらの部位をつけたままグリルすると、若干グロテスクなので、これは致し方ないことだ。早速解体しながら重量を量ってみた。

まず、全体の重量は１４４４gだ。胸肉は４４６gで、約30％を占めていた。手羽は両側で１３０gだ。脚部は、左右合計で４５４gだった。しかし、ここにはモモ肉とスネ肉が両方含まれている。一般に鳥モモ肉として売られる場合、スネも含むことが多いが、どう考えてもふくらはぎは太ももではないので、ここでは別物として考える。そうすると、モモ肉は全身の約20％、スネ肉は11％である。胸肉がいかに体の中で大きな顔をしているか、よくわかってもらえただろう。胸肉はいわばチキン・オブ・チキンなのである。チキンチキンと繰り返すと若干弱そうな響きになるが、圧倒的に代表的なチキンだ。

胸肉はどこから来て

というわけで、まずは胸肉の話だ。胸肉とは、胸骨に付着し、翼の基部となる上腕骨に連なる筋肉である。この筋肉は、翼を打ち下ろすのに使う筋肉だ。鳥類は、翼を打ち下ろすことではばたき、揚力と推進力を得て、空を自由に飛び回ることができるのだ。

鳥類とはいえ、人間に作用するのと同じ物理法則の働く世界に生きている。彼らは、あまりにも普通に空を飛んでいるため、その能力のすごさがわかりにくいかもしれない。

しかし、地球の重力の中で飛び回るために大きなエネルギーが必要なことは、想像に難くない。そのエネルギーを発生させるV8エンジンが、ボディの前面に収納された胸肉なのである。

鳥の体は空を飛ぶために、無駄を削ぎ落として軽量化されている。特に、飛翔に関わらない部位は、最小限の機能を残してコンパクト化することで、重力の影響を抑えている。全身が軽量化されている中で巨大なエンジンを維持しているため、鳥体に占める胸筋の割合は、他の動物に比べてことさらに高くなっているのだ。牛胸肉や豚胸肉が、単独の部位として販売されていないのは、哺乳類でこの部位が発達していない証拠といえよう。

さて、慧眼の士はすでにお気づきのことであろう。ニワトリは基本的に空を飛ばない。にもかかわらず、飛ぶための筋肉をこれほど有しているとはなんたることかと、盾で矛を貫かんばかりの勢いで違和感を覚えているに違いない。

ニワトリの巨大な胸筋の理由の1つは、単純に家禽化による品種改良である。人間が彼らに求めたのは、雪原と化した庭を駆け回ることでも、炬燵の中で丸くなることでもない。単純に、肉の総計だ。長い時間をかけての品種改良が、その驚異的な量の胸肉を成し得たのだ。

しかし、それだけではない。ニワトリには、品種改良を可能とするポテンシャルがあったことも事実である。前述の通り、ニワトリはキジ目キジ科のセキショクヤケイから家禽化されたものだ。歴と独立した鳥種の1つであるにもかかわらず、野生の鶏だから野鶏という名称は若干失礼な気もするが、何にせよキジ科の鳥類である。

どこに飛んでいくのか

日本でキジ科の鳥類の代表といえば、その名の通りキジである。桃太郎をまんまと利用して知名度を上げ、日本の国鳥まで上り詰めた知将として歴史に名を残している鳥だ。基本的な体のデザインは、キジもニワトリも共通しており、キジ科の鳥なんて、みんな似たようなものだと思ってほしい。実際のところ、ニワトリほどではないが、キジも立派な胸筋をもっている。

さて、キジを見てみると、彼らも普段は主に歩いている。少し後ろをストーキングすると、飛んで逃げずに走って逃げる。鳥なら飛べよとさらに追いつめると、ようやく飛ぶ。ただし、これはあくまでも野外実験であり、動物虐待ではないので妙な誤解はノーサンキューだ。

危機にさらされた時、キジは翼を激しく羽ばたかせ、人間大砲のようにドカンと飛びたつ。こちらが驚くくらいの勢いである。小鳥のように軽やかに飛ぶのでも、タカのようにアクロバティックに飛ぶのでもない。瞬発的に大きな力を発生させ、一直線に飛んでいくのだ。

彼らの飛翔に持続性はない。時には一気に100mをも飛び、草の茂みに降り立ち、姿を消してしまう。降り立った後は、また茂みの中を歩いてドロンボー一味のように逃げていく。ツバメのように長時間空を飛び回ることはなく、そのまま太平洋を越えてオーストラリアまで行くこともない。一念発起短期決戦型の飛び方をするのだ。彼らは、短時間に強い力を発生させるため、十分に大きな胸筋が必要なのだといえよう。

残念ながら、野生のセキショクヤケイは見たことがないが、彼らも似たような飛び方をしていると考えられる。文献によると、少なくとも数十mは飛べるようだ。歩行を日常の移動手段とし、長距離飛翔はせず、いざという時に満を持して空を飛ぶのである。ニワトリの胸筋の大きさは、野生時代のこの生活に由来しているのだ。

鳥より出でて、鳥より淡し

さて、鳥肉の色は何色か、ご存じだろうか。桜貝の色、可憐な女性がうつむきがちに染めた頰の色、林家ペーとパー子、さまざまな答えが返ってくるだろうが、結局のところピンク色だ。しかし、これは鶏肉の色ではあっても、鳥肉の色ではない。

スズメ、ハト、カラス、身の回りにはいろいろな鳥がいるが、彼らの肉の色は基本的に濃い赤色である。臙脂色と言ってもよい牛肉に近い色と思ってもらいたい。薄ピンクを呈するのは、キジの仲間ぐらいである。

　この赤色は、筋肉中に存在するミオグロビンに由来している。ミオグロビンは色素タンパクであり、酸素との結びつきが強い。やはり血中にある色素タンパクであるヘモグロビンもまた、酸素と結合し酸素を運ぶ役割を担っている。この酸素をヘモグロビンから受け取り、筋肉内で貯蔵するのが、ミオグロビンである。

　鳥類は、空を飛ぶために多くの酸素を必要とする。特に、長時間に及ぶ持続的な飛翔は、酸素を消費しながらエネルギーを得る有酸素運動である。このため、多くの酸素を筋肉内にストックする必要があるのだ。

　鳥類の特徴が、空を飛ぶことにあることは間違いない。持続的な飛翔を可能にするためには、ミオグロビンがたくさん含まれた赤い胸肉をもつことが必須なのだ。遠洋回遊型マグロタイプと考えてもらえればいい。

　一方、キジ科の鳥類のような単発的な飛翔は、酸素の消費を伴わず、短期的にエネルギーを発生させる無酸素運動だと考えられる。このため、ニワトリを含むキジ科鳥類の胸肉にはミオグロビンが少なく、淡い色になっているのである。こちらは、定点隠密型ヒラメタイプなのである。

　とはいえ、普段は野鳥の筋肉の色を見ることなど、なかなかないかもしれない。そんな方に朗報だ。ちょっと高級な肉屋に行けば、陳列棚の中にはカモ肉が鎮座ましましており、その綺麗な紅色を実感できるはずだ。もちろん、これらも野鳥ではなく飼育された個体だが、赤い筋肉は維持されている。ちょっと気取って鴨のオレンジソース煮なぞをご賞味いただければ、猛禽類気分を味わうことができる。もしかしたら鴨肉に若干血のような味を感じるかもしれないが、これは血抜きに失敗したのではない。血中のヘモグロビンに似たミオグロビンの味と心得てほしい。これこそは、鳥の飛翔の味なのだ。

謹んで、飛翔筋を食べる

さて、胸肉は飛ぶための筋肉だと書いてきた。しかし、我々が普段手に入れることができるのは、すでに解体されてペロンとした筋肉の塊にすぎない。これでは、本当に空を飛ぶための筋肉かどうか、実感できないだろう。

そこでお勧めは、モスバーガーである。モスバーガーは、日本で生まれた国産会社である。日本人なら外資系ファーストフードではなくモスに行くべきだ、などと愛国心を発揮しているわけでもなければ、ライスバーガーをお勧めしているわけでもない。

私がお勧めするのは、モスチキンだ。モスチキンは胸肉でありながら、棒状の骨がついている。この骨があることで、持ちやすくて食べやすくなっている。しかし、スーパーで売られている胸肉に、骨がついていることはない。

生前の胸肉は平らかな胸骨の上に乗っており、それを勢いよくはがしたものがいわゆる胸肉だ。ここには棒状の骨はない。では、この持ちやすい骨の正体は何か。それは、上腕骨（じょうわんこつ）なのである。

　胸筋の末端は、肩の関節を介して翼に連なる。この構造をそのまま利用し、上腕骨を持って胸肉を食べられる状態にしたのが、モスチキンだ。このため、メインの胸肉の部分を食べてしまうと、いつの間にか手羽元の唐揚げを手にしている、という帰結に驚くのである。

　これを食べれば、胸筋が翼に連結していることが実感でき、飛翔筋を食べているのだということが具（つぶさ）に理解できるのだ。モスチキンは、鳥学者御用達の素晴らしき日本の文化なのである。もちろん、モスバーガーから賄賂を得て褒めちぎっているのではない。ただし、これを機会に御社と懇ろになれれば、身に余る光栄である。いや、ほんと、よろしくお願いします。

モスチキン。
上の突起が上腕部。
おいしい。

*

　さて、この原稿の執筆のため、短期間に鳥の丸焼きと鴨のオレンジソース煮とおいしいモスチキンを食べざるを得なかった。このような偏った食生活を続けていては、体重が増えて成人病になり、病院で看護婦さんと道ならぬ恋に落ち、幾多の修羅場に見舞われてしまいそうだ。それはあまりにも危険なので、次はヘルシーなささみをテーマとしよう。

縁の下だからって、力持ちとは限らない

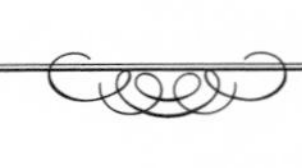

ささみのありか

日本人であれば、ささみを知らない人は皆無である。ささみとは、古語の「ささむ」という動詞が名詞化した言葉だ。「ささむ」とは、「はさむ」から派生した動詞で、ささみの繊維が歯にはさまりやすいことが、この名称の由来となっている（民明書房『食材古語辞典』より）。

無論、嘘である。今の世の中、研究者をやすやすと信じてはいけないという教訓である。ささみは、もちろん笹の葉に似た形をしているため、「笹身」と呼ばれているに過ぎず、歯に挟んでいる場合ではない。

肉屋でささみとして親しまれている筋肉は、烏口上筋(うこうじょうきん)と呼ばれる部位である。さて、このささみだが、体のどこの部位かご存じだろうか。食肉として、非常にポピュラーな部位であるにもかかわらず、その正確な位置については、意外と知らない人も多いのが実情だ。隠してもしょうがないので早速ばらしてしまうと、ささみは胸肉と胸骨の間にはさまって位置している。頭まで布団をかぶって朝日を拒絶する低血圧大学生の姿を思い描いてもらえればよい。人間の場合は胸骨がネクタイ型をしており、胸の中心に細長く収まっている。胸骨の両側には肋骨が接続し、内臓を守るカゴを形作っている。鳥の胸骨も両側に肋骨を従える構造は同じだが、人間に比べると左右に幅広く、胸の前面を防弾チョッキのように平面的に覆っている。

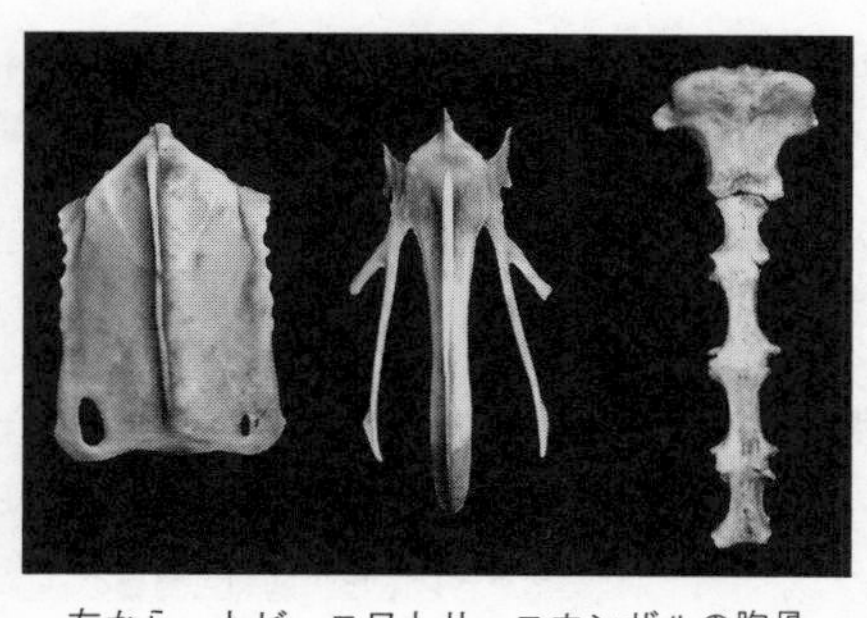
左から、トビ、ニワトリ、ニホンザルの胸骨。

鳥の胸骨の中央には、前方に張り出した骨の板があり、竜骨突起（りゅうこつとっき）と呼ばれている。竜骨とは、船の船首から船尾までを支えるため中心に配置された大黒柱的な部材で、キールとも呼ばれる。ささみは、この竜骨突起の両側に沿って、胸骨上に配置されている。左右1対、1個体に2本存在している筋肉だ。

その配置から察せられるように、ささみは胸肉とセットの部位であり、上腕骨、すなわち翼の基部をなす骨に接続している。つまり、翼を動かして飛翔に貢献する筋肉の1つなのだ。読者諸氏は、ささみなんて淡白で特徴もなく、減量中のボクサーのために神が創りしものと思っているだろう。しかし、そんな偏見も今日までである。

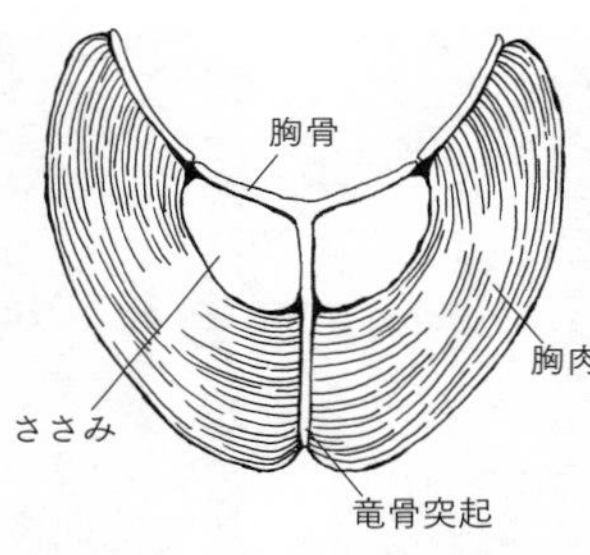

鳥のささみは、胸肉と胸骨のあいだ。

使ったら、元の場所に戻します

ささみの上にかぶさる胸肉は、翼を「打ち下ろす」ために使用する筋肉である。鳥は、翼を打ち下ろして飛翔力を得るため、胸肉は体の中でも特に大きく、お肉屋さんの懐と清貧なる我が家の食卓を潤す崇高なアイテムとなっていることはすでに述べた通りだ。これに比べると、ささみは随分と小柄である。胸肉を丸ごと串に刺すと違和感があるが、ささみはちょうどよい食べごろサイズに収まっている。同じく飛翔筋であるにもかかわらず、両者に大きな違いがあるのは、全く逆の機能を持っているためだ。胸肉は翼を打ち下ろす筋肉だが、ささみは翼を「持ち上げる」ための筋肉なのだ。

鳥もペガサスも大天使ミカエルも、翼を上下に羽ばたかせて空を飛ぶ。打ち下ろした翼は、次の羽ばたきのためには、必ず持ち上げなくてはならない。これがささみの使命である。

鳥の翼の動きをよく見ると、単純に上下動させているのではない。打ち下ろすときは、確かに直線的に翼を動かしている。しかし、持ち上げる際に、大きな抵抗を生じれば体が下降してしまう。そこで、S字を描いて斜めに持ち上げることで、空気抵抗を最小にしている。時には翼の一部をたたんで翼面積を少なくし、時には羽毛の間に空隙を作り空気を通過させる。

空気抵抗が最小なので、持ち上げに必要な筋力も最小だ。鳥の場合は、筋肉が羽毛で隠されていて筋肉自慢をすることができない。このため、マッチョになってボディビル大会で優勝しようと目論み、必要以上に筋肉を発達させる意味はない。おかげさまで、推進力を生み出す胸肉に比べ、ささみは小さくて済むのである。

胸肉は、鳥の飛翔時のエンジンの役割を果たす重要部位だ。しかし、胸肉だけでは、空を飛ぶことはできない。餅つきが合いの手を必要とするように、ささみと対になってこそ胸肉も機能を発揮できる。妖鳥シレーヌが優雅に空を飛び回れるのも、ささみのおかげだということを忘れてはならない。ただし、シレーヌのささみがどこにあるのかは解剖してみないとわからない。

ささみはヒトのためならず

鳥の飛び方は種類によって異なる。このことは、飛翔筋のサイズにも影響する。鳥が飛翔するためには、単なる翼の上下だけでなく、翼の角度調整や開閉に関わる数十の筋肉が携わっているが、原動力として最重要なのは、もちろん胸肉とささみである。

ささみが体重に占める割合は、ほとんどの鳥で1〜3％の間となっている。胸肉が10〜30％を占めることを考えると、ささみのコンパクトさがよくわかるだろう。ちなみに人間の自慢の種である脳の重さが、体重の約2％と言われているので、鳥のささみも十分に誇ってよいサイズだ。鳥の種類によっては、ささみの割合はさらに小さい。特に小さいのが、タカやハヤブサの仲間である。彼らのささみは、概ね体重の1％以下しかない。

これに対して、キジ目、シギダチョウ目、ハト目の鳥類は、ささみが体重の3〜8％を占めている。人間なら、頭部に相当する重量である。彼らは、ささみとともに胸肉もよく発達している鳥類だ。

キジ目はニワトリを含むグループである。胸肉が発達しているがゆえに、家禽化され、クリスマスディナーと共進化を遂げたことは、ご存じの通りだ。彼らは、地上をこよなく愛し、大地とともに生きる鳥たちだ。

南米に分布するシギダチョウ目は、日本ではあまり有名ではない。ダチョウやエミュー、キーウィなど、飛ばない大型鳥を含む、古口蓋類（こうがいるい）というグループの一員である。無飛翔性の鳥が大部分を構成する古口蓋類の中で、唯一飛翔力を持つ孫悟空的立場にいるのが、シギダチョウ目だ。この鳥はやはり地上性が強く、キジ目と似た生活と似た形態をしている。

ハト目は、キジ目やシギダチョウ目に比べると、空の生活に適応した鳥類だ。しかし、主に種子や果実に依存しており、やはり地上での採食を是とする地面愛好家である。

彼らは、同サイズの鳥の中では、比較的体の重い部類だ。そして、いずれも地上に依存した生活を送っているため、捕食者に狙われやすいという共通点がある。捕食者から、恰幅のよい体を逃がすためには、素早く力強く翼をストロークして、瞬発的に飛翔する必要がある。大きなささみと大きな胸肉は、生命維持のための非常脱出装置である。シートの脇のレバーを引くと、パイロットが椅子ごと飛び出すアレと同じなのだ。

大きいんだか、小さいんだか

ささみが体重に占める割合が10％を越える種類もある。それは、ハチドリ目の鳥たちだ。彼らの胸肉は約20％で、他の鳥と同等の量となっている。つまり、翼を持ち上げる筋肉が、相対的に大きいのだ。10％というと、人間で

は腕1本半に相当する重量なので、かなり大きな筋肉と言ってよい。
ハチドリ目は停空飛翔を得意とし、また鳥の中で唯一後ろ向きに飛ぶことができるグループだ。特殊飛行を行う時、彼らは翼の羽ばたき方向を変化させる。通常は上下に動かす翼を、前後や斜め後ろ向きに変えるのだ。その姿は、米軍が誇るティルトローター方式のオスプレイそのものである。ちなみに、オスプレイはタカの仲間のミサゴの英名だ。運動方法を考えると、愛称はハチドリに変更すべきだろう。そうでなければ、ハチドリの英名をオスプレイに変えるべきだ。

そんなハチドリ目の鳥は通常の鳥とは違い、翼を持ち上げるときにも推進力を得るという。体力は使うが無駄のない飛行を得意とする。このため、他の鳥に比べて翼の持ち上げ時にも相応に大きな力を発生させる必要があるのだ。相対的に大きなささみは、この運動に起因していると考えられる。ハチドリ目が特殊な飛翔方法で脚光を浴び、自然番組でちやほやされるのも、やはりささみのおかげなのだ。ただし、ささみが生み出す力は、打ち下ろし時の3分の1程度で、若干効率が悪いのはやむを得ないことだろう。

ハチドリ目は、鳥類の中で最も小さい体を持つ。最小のマメハチドリはわずか2g、二千円札なら四千円相当の重さしかない。体の小ささは、重力の影響が小さいことを意味する。なぜならば、体重は長さの3乗で増加するが、飛翔力を決定する翼面積は、2乗で増加するためだ。

この小ささだからこそ、彼らはホバリングや後退飛行といった、無理のある運動も可能なのである。そして、この小ささですら、体重の1割にもなるささみが必要なのである。ただし、元のサイズが小さいので、マメハチドリのささみは1本わずか0・1g。ニワトリのささみの約400分の1の重さだ。ささみを食べるときには、ハチドリのささみのこぢんまりさも思い浮かべてみるとよかろう。

翼の持ち上げの時にも推進力を得る鳥としては、他にアマツバメ目とペンギン目がいる。彼らのささみも、やはり同様に大きいことが知られている。空中でも水中でも、ささみの機能は同じなのだ。

いずれにせよ、見くびられしささみを、少し見直してもらえたことだろう。

特別扱いはしないで

秋から冬は、誰もがデザートのカロリーが気になり始める脂肪蓄積の季節だ。そのデザートのカロリーは、文部科学省が公表している日本食品標準成分表、通称「食品成分表」に基づいて計算できる。これを参照すれば、自宅の食事も容易にカロリー計算が可能だ。ウェブ版もあるので、健康維持のためぜひ活用してほしい。

ここでは、食品成分表に掲載された、ささみ、胸肉、もも肉、手羽に注目しよう。若鶏で見ると、ささみの脂質は0・8%だ。皮なし胸肉で1・5%、皮なしのもも肉で4%、手羽では15%である。ささみがヘルシー食材と見なされるのも、もっともな話である。なお、脂質が最多な部位は鳥皮で、含有率は約50%を誇る。このためダイエット中の御仁は要注意だ。

鳥類の脂肪は通常、皮下と内臓周辺に蓄積される。ささみの低カロリーは、胸骨と胸肉に挟まれ、皮下とも内臓とも隔離された部位であることに一因がありそうだ。ただし、前述の通り、皮さえなければ胸肉の脂質もそれほど多いわけではない。実際、100gあたりのカロリーで見ると、胸肉が108キロカロリー、ささみが105キロカロリーとなっている。ほとんど変わらないので、イメージに惑わされることなく、胸肉も食べていただいて結構である。

嫌いにならないでください

最後になるが、ささみの最大の特徴は、誰がなんと言おうとスジである。ささみはおいしいが、スジは歯ざわりが悪く嚙みきれないので絶望的に嫌いという人もいるだろう。

ささみは、胸骨に全身でへばりついている。そして、前端部から腱、すなわちあのスジを延ばしている。胸肉の下に引きこもったささみにとって、スジは外界との唯一の接点となっている。このスジは肩の外側を迂回し、上腕骨の背面側に付着している。ささみは、あのスジ一本で、その筋力を腕に伝え、翼を持ち上げているのだ。スジの強情さはこのためなのである。

もしあのスジがなければ、ささみはただの健康食品でしかない。スジは、いわばささみのアイデンティティなのである。若干残酷な実験ではあるが、ハトはこのスジを切ると飛び立てなくなることも証明されており、そうなれば胸肉さえ宝の持ち腐れだ。飛翔筋を生かすも殺すも、スジ次第なのだ。

ホタテだって、貝柱ではなく貝柱以外の部分が生物としての本体である。滋賀県だって、琵琶湖ではなく、縁にへばりついた陸地が本体である。食べる時には邪魔かもしれないが、スジあってのささみと、認識を新たに召し上がれ。

*

いよいよ土台は整った。胸部により鳥たちは空を飛ぶためのエンジンを手に入れたわけである。しかし、タイヤがなくてはバイクは走れず、木綿がなくてはイッタンは飛べない。飛翔器官なくして空を飛べるのは、でんでん太鼓の子供を乗せた龍神様ぐらいである。

次からはいよいよ、飛翔の依代（よりしろ）である翼の正体に迫る。

二の腕の気になる季節

あなたの腕は何マッチョ？

私は鍛えてもあまり筋肉がつかない体質である。おかげさまで、夏になるとマッチョが自慢げにタンクトップを着ているのを苦々しく思いながら人生を歩んできた。

そこで勇気を出して聞いてみた。そんなにマッチョを自慢したいのですか？　筋肉のない私を蔑んでいるのですか？　すると、恥ずかしそうにそうではないのだと否定する。ではなぜなのですかと問い詰めると、マッチョだからだという。袖があると、太い二の腕に生地がまとわりつき、腕を動かす時に邪魔だという。確かに納得のいく回答だ。マッチョはマッチョゆえにマッチョを披露せざるを得ないのである。

世の強者がどのくらいマッチョなのかが気になったので、マッチョさを表す指数を開発した。マッチョ指数は、二の腕の幅を長さで割ったもの×100である。軟弱さを誇る私のマッチョ指数は25マッチョ、ムキっと力を込めたドウェイン・ジョンソンで47マッチョ、スーパーサイヤ人の孫悟空で50マッチョだった。確かに、彼らに私と同じTシャツを着せるのは酷というものだ。

二の腕とは肩から肘までの上腕のことである。鳥で言えば手羽元に相当する部位であり、実家のおでんの底で揺蕩(たゆた)う姿は故郷の味である。そんな手羽元に敬意を表して測ってみたところ、なんと48マッチョ、スーパーサイヤ人レベルである。

鳥は重力に抗い空を飛ぶ動物だ。後述するが、たとえば脚部は軽量化の粋を尽くしている。しかし他の部位をいくら削ろうとも、飛翔に必要な翼の筋肉だけは譲れない。鳥類は飛翔を優先するがゆえに、一点豪華主義的に手羽元の筋肉を充実させているのである。

なんてことは全くないので、騙されないように気をつけてほしい。

確かに、ニワトリでは手羽元のボリュームは圧巻だが、これは食肉として選抜されてきた結果であり、鳥類全般の特徴とは言いがたい。手近な標本から鳥のマ

自信満々
である。

ッチョ指数を算出しても、ハトで35、タカやミズナギドリで約20という結果になった。野鳥の手羽元についている筋肉の量はたいしたことがないのである。

空を飛ぶためのメインエンジンとして力を発生するのは、体幹部に収納されている胸肉であることはすでに述べた。これに対して、上腕に装備された筋肉は、肘や手首の曲げ伸ばしなど、主に翼の動きをコントロールするためのものだ。バイクのエンジンは車体の中央部に位置するが、タイヤを制御するブレーキやサスペンションなどはタイヤの近くに配されているのと同じ構造である。フライドチキンで手羽元を食べると、若干食べにくさを感じることもあろう。これは、翼を精密にコントロールするため、複数の筋肉がからみついているからである。

翼の制御に必要な力は、羽ばたくための力に比べれば少なくて済む。食肉を目的としたニワトリとは違い、基本的に手羽元に過剰なボリュームは必要ないのだ。脚部についての項でも述べるが、体重を体の中心に集中させることは、鳥の機動性に貢献する大切なコンセプトとなっている。このデザインは、翼においても踏襲されているのである。

ところで、鳥の翼の先端から後方に並ぶ一連の羽毛のことを風切羽（かざきりう）と呼び、飛ぶための推進力や揚力を得る重要パーツとなっている。開いた翼を見ると、腕全体に風切羽が生えているように見えるが、実際には上腕部分には風切羽が生えていないことをご存じだろうか。上腕の後方に並ぶ羽毛は、肘から先のものが内側に、肩の羽毛が外側に傾い

オナガミズナギドリの翼。上が腕の範囲、下が風切羽。

ているだけなのだ。

飛ぶための器官である風切羽は、支えとなる腕にしっかり固定されている必要がある。もしも上腕に風切羽がついていると、翼をたたんだ時にこれが胴体の上側に飛び出して、うまく収納できなくなってしまうはずだ。これでは、飛翔時にも着陸時にも邪魔になってしまうだろう。上腕に風切羽を装備していないのは、このことが原因かもしれない。上腕はかさばると邪魔。マッチョのタンクトップと鳥の風切羽の配置には、そんな共通点があるのだ。

翼の中身は見えません

手羽元の中心を支える骨は上腕骨である。これは、人間の肩から肘の骨に相当するもので、翼の軸となる重要な役割を果たしている。残念ながら鳥を野外で観察しても、この上腕骨の存在は羽毛に隠されてわかりにくく、どれも同じようなものと思い込んでしまうかもしれない。しかし、上腕骨の形態は種によって大きく異なる。

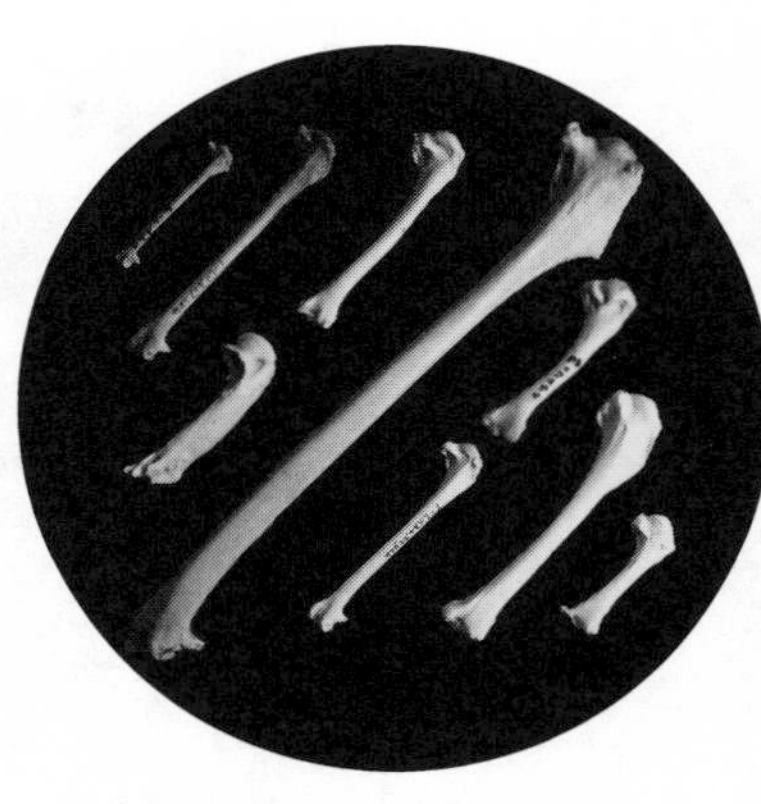

上腕骨いろいろ。一番長いのがクロアシアホウドリ。

たとえば、アホウドリ類の上腕骨は、最大幅に対する長さが6~7倍ほどもあり、非常に細長いスーパーモデル体型を誇っている。これに対して、アマツバメ類では1・5倍程度しかなく、ドラえもん体型に甘んじているのだ。ちなみに、スズメやカラス、ハトなど見慣れた鳥では、2・5~3・5倍に落ち着いている。

上腕骨は両端に肩と肘の関節があり、その間を管状の骨がつなぐ構造を持っている。このような骨を管骨と呼ぶ。フライドチキンの中に見慣れたニワトリの上腕骨も基本的に同じ構造なので、多くの人が想像できるだろう。関節部分の構造はどの鳥にとっても同じく必要なので、上腕骨の縦横のバランスは間をつなぐパイプの長さで決まる。アホウドリ類ではこの部分が長く伸び、アマツバメ類では山手線の上野駅と御徒町駅のように接近し、パイプ状の部位がほとんどないのだ。

アホウドリ類とアマツバメ類には、共通点がある。アから始まる5文字の名前だけではない。長距離飛翔を得意とするということである。

アホウドリ類は、海風に乗って1日に数百kmを移動する。子育て中に、採食のために片道1000km以上を飛ぶことも珍しくない。時には時速100km近くを出すこともある。

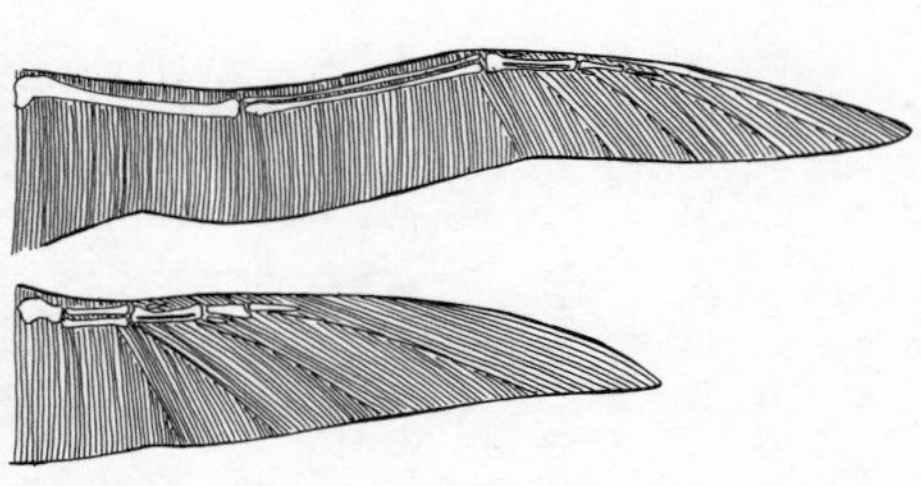

骨格が翼を支える範囲は、種によって異なる。
上がアホウドリ、下がアマツバメ。

アマツバメ類は飛びながら食べ、飛びながら寝る。GPSを装着したシロハラアマツバメの研究では、6カ月以上も地上におりずに飛び続けたとされる。ハリオアマツバメでは時速170kmを叩き出した記録もある。メジャーリーグも夢じゃなく、銭形警部に見つかれば即刻逮捕の違反スピードである。

これほどの飛翔能力を生み出しているのは、その翼の形態である。アホウドリ類にしろアマツバメ類にしろ、細くて長い翼を持っている。これは、羽ばたきよりも滑空に適した翼の形態だ。

翼の長さの2乗を面積で割ったものをアスペクト比と呼び、翼の細長さの指数となる。羽ばたき飛行のカラスやスズメ、キジバトでは5〜7程度だ。これに対して滑空を得意とするタカ類では8、アマツバメ類で11、アホウドリ類では18にもなる。ラピュタのロボット兵ではアスペクト比が8なので、もう少し痩せればエンジンを使わずとも効率よく滑空できるかもしれない。

細長い翼という共通点を持ちながらも、アホウドリ類とアマツバメ類の上腕骨の形態にはウマの耳と念仏ぐらいの違いがある。翼の長さは、腕の長さプラス、指先から外に生えた初列(しょれつ)風切羽の長さで決まる。上腕骨の長さはもちろん腕全体の長さに反映されるので、翼に占める腕の長さの割合に間接的に貢献することになる。ハトやカラスなど普通の鳥では翼の長さの約50％に腕が入っているのに対し、アホウドリ類では約70％である。一方で、アマツバメ類では約35％しかない。つまりアホウドリは腕の長さを伸ばすことで翼を伸長しているのに対し、アマツバメ類は短い腕の先に風切羽を伸ばすことで長さを稼いでいるのだ。

アホウドリ類は、種によっては10kg以上にもなる大型の体で、強い海風の中で飛ばなくてはならない。彼らの飛翔は、この環境をねじ伏せて長距離を移動するための大切な手段であり、特に小回りを利かせる必要はない。このため、頑健な骨格で長い翼を固定して安定させることが有利なのだろう。

一方でアマツバメ類は、空を飛びながら飛翔性昆虫を食べている。動く小さな対象を捉えるため、高速での急旋回や加速を多用するアクロバティックな飛翔が必要となる。

長い風切羽を持てば、これの開閉により翼の形状変化が容易になり、超絶コントロールが可能となる。アマツバメ類はほとんどの種が50g以下の軽い鳥であるため、羽毛の強度でも十分に体を支えられることも関係するだろう。

アマツバメと同じく飛翔性昆虫を食べるツバメでも、翼に占める腕の割合は40％弱だった。ツバメはスズメの仲間、アマツバメはハチドリに近い仲間で、両者の系統は全く異なる。しかし、空中生活を好み飛翔性昆虫を食べるという共通の生活様式により、似た形態を進化させているのである。このように、異なる系統の生物が似た環境条件の中で似た形質を進化させることを、収斂(しゅうれん)と呼ぶ。マシュマロマンとミシュランマンみたいなものだ。

若さゆえのあやまち

鳥の上腕骨は、中空になっていてガランドウである。ギャランドゥではなく、伽藍堂である。このような骨を含気骨(がんきこつ)と呼び、鳥の特徴の1つとなっている。鳥の肺には気嚢(きのう)という空気袋が多数連なっており、体の各所に配置されている。その1つである鎖骨間気嚢は上腕骨の中に入り込んでいるため、この骨は中空になっている。

気嚢は、骨の内部に入ることで表面積を広げて体内の熱を放出するラジエーターとして役立っていると考えられている。鳥は汗をかくことができないが、その一方で飛翔という激しい運動で生じた熱を体外に逃がす必要がある。そうでないとオーバーヒートして体の内側から棒棒鶏ができあがってしまう。もちろん、上腕骨が中空になることは、軽量化にも大いに貢献する。含気骨の構造は、飛翔に適応した鳥の進化を映す鏡とも言え、もちろんニワトリにも受け継がれている。空を飛ばず海に潜るペンギンでは、上腕骨の中空化が進んでおらずずっしりしていることから、これが飛翔のための構造ということがよくわかる。

幸いにも我々は食卓を彩る鳥の唐揚げから上腕骨を入手できるのだから、その進化の極みを実感してもらいたい。夕食のチキンカレーをとびきり上品に食べ、肉の中からいそいそと上腕骨を取り出そう。骨端が太い方が肩の関節だ。その近くを見ると、内側に陥入する穴があるはずだ。これは、気嚢が入り込む穴である。

そう、そこそこ……あれ？　穴がない？

まぁしょうがないな。気を取り直して、骨を半分に切断してみたまえ。すると中身が中空になって……いないねぇ……。

いや、私が嘘をついたわけではない。たまに嘘をつくこともあるが、今回は嘘ではない。実に嘆かわしいことに、一般人にとって最も身近な骨とも言える食肉の上腕骨では、含気骨の構造を確かめることができないのだ。なぜならば、市場に出回っている鳥肉はそのほとんどが若鳥だからだ。

ニワトリは孵化後約50日程度で出荷される。この時点で体は成鳥サイズまで大きくなっているが、骨はまだ成長しきっていない。成長途上の上腕骨の中には骨髄が入っているため、まだ中空になっていないのだ。我々が普段食べているのは、体は大人でも中身は子供という、若干良心が咎める段階の個体である。タイムふろしきをまだお持ちでない方は、中空化した成鳥の骨を検分するために、親鳥を出す焼き鳥屋を選んで一献傾けてみるのも乙なものだろう。

若い上腕骨にはもう1つ特徴がある。それは骨端の軟骨だ。コリコリとしたおいしさを好む人も多いだろうが、これもまた若鳥に特有の部位であり、いずれ軟骨から硬い緻密な骨に置き換わって大人の骨になるのである。若鳥の上腕骨端は何となく円みのある無個性な形をしているが、成鳥ではゴツゴツとした特徴ある形態となるのだ。

鳥の骨は、進化の歴史の中で磨かれた美しいデザインを纏っている。中でも翼の骨は、飛翔に関わる重要な部位として高度に洗練されている。しかし、私たちが普段見慣れているニワトリの骨は、若鳥であるがゆえにまだその洗練性を発揮していないのだ。

骨髄が入っていた方が、確かにおいしいダシが出る。家庭科の教材としてはそれでよいが、進化の妙を目の当たりにするには若干の物足りなさを感じる。もしかしたら、日常生活では成鳥の上腕骨に出会うチャンスは一生ないかもしれない。それはそれで仕方ないことだが、せめて普段目にしているものが発展途上の未完成品であるという事実を覚えておいてほしい。これをもって鳥の骨の真価を評価するのは、あまりにも酷なのである。

＊

手羽元が終われば、次は手羽中（てばなか）とすることが順当だろう。

さて、念のため、岩波書店が誇る広辞苑第七版で「手羽」を確認しておこう。

て-ば【手羽】 鶏肉で羽のつけ根の部分。手羽肉。

これは、いわゆる手羽元のことではないのか？　手羽中はつけ根とは言い難いので、この辞書的には手羽中は手羽ではなくなってしまう。では、手羽中のことは何と呼べばよいのだろう。残念ながら広辞苑には「手羽中」の項はない。第八版出版までに解決したい問題の1つだ。

おいしい手羽には骨がある

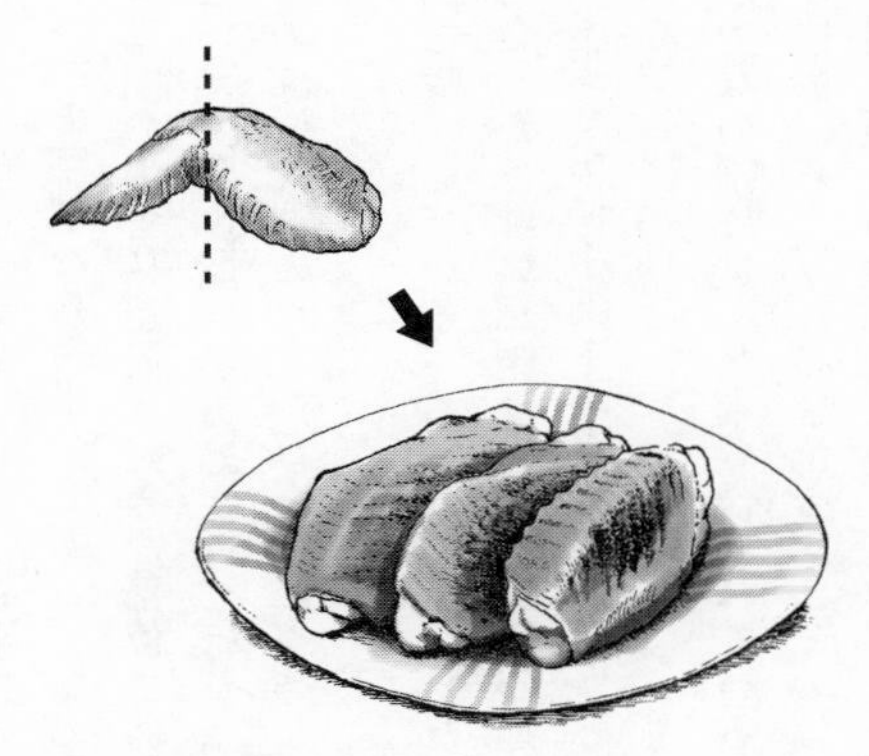

手羽中のスモーク。一番おいしい。

仲良くなるまで待って

手羽中は肘から手首まで、すなわち前腕に相当する部位である。一般に手羽先という名で販売されている「く」の字型の下半分、「へ」の字型なら右半分である。塩で焼いてよし、タレで炙ってよし、甘辛く煮てよし、鳥肉の中で私が最も好きな部位である。世界の山ちゃんも絶賛の美味しさで、手羽中といえば名古屋、名古屋といえばシャチホコ、シャチホコといえばエビフライである。この部位は翼のコントロールに寄与し、ほどよく鍛えられしまりのある肉質が自慢だ。

一方で、手羽中は食べにくいことでその悪名を轟かせている。おいしく食べるためには骨を持ってかじりつくしかなく、初デートで食べたくない鳥肉ランキング10年連続チャンピオン(川上調べ)は伊達ではない。お互い緊張せずに手羽中を食べられるかどうかは、交際相手との親密度指標の1つとなっている。

手羽中が食べにくい理由は、ついている肉が少ない割に骨が2本も含まれているためだ。肉が少ないのは翼を軽量化していることが主因だろう。この部位を支えるのは、太い尺骨(しゃっこつ)と細い橈骨(とうこつ)の2本の骨だ。尺骨と橈骨の間に横たわる薔薇色のメインディッシュに到達するためには、いずれかの骨を外さなくてはならないのが、テーブルマナーの最大の難関となっている。

美味しいのに食べにくいという手羽中ジレンマを解消する方法がある。それは、高温または長時間の調理をすることである。こうすることで、タンパク質がしっかりと変性し、骨と腱と肉が外れやすくなる。高温でからりと揚げた手羽中のジューシーな味わいを、親密なお相手とともにご賞味あれ。

2本の骨の秘密

鳥と同じく人間の前腕も同じ構造を持ち、尺骨と橈骨の2本の骨を内包している。あなたも私もマリリン・モンローも同じ構造を持つ。上腕が上腕骨1本で支えられているー方で、前腕が2本で構成されているのは、毛利元就的な意味ではなく、運動学的な意味があると考えられる。

人間では、この2本の骨は腕をひねる運動を可能にしている。気をつけの姿勢をとるとき、尺骨と橈骨は平行になっている。この尺骨と橈骨をねじれの位置に移動させることにより腕がひねられる。キョンシーが例の姿勢をとり霊幻道士の商売が成り立つのも、我々が掌を下に向けてパソコンのキーを叩けるのも、尺骨と橈骨のおかげというわけだ。

しかし、鳥の翼ではひねり方向の運動はあまり見られない。むしろ彼らの翼は風をしっかりと受け止めるため、ねじれにくい方がよいはずだ。そんな鳥類にとってこの構造は、翼を安定して曲げ伸ばしするための機構となっていると考えられる。

古典的なデスクライトのアームは2本の平行棒で平行四辺形を構成し、関節を動かす時に平行四辺形が変形することによって、上下に接続する部位が連動して姿勢が保たれる。ＰＩＸＡＲのロゴで歩き回っているアレだ。鳥の翼には腱が張り巡らされており、肘の関節を伸ばすと腱が引っ張られて手首の関節も伸び、上腕から翼の先までが連動してスムーズに翼が開く。翼の中央に位置する橈骨・尺骨でデスクライト機構を採用することで、この翼の伸展をサポートしていると考えられるのだ。

前腕部の2本柱構造は、鳥類では維持されているが、一部の脊椎動物では、尺骨が橈骨と癒合して存在感を希薄化している場合がある。

身近なところでは、ウシやウマの尺骨がその好例だ。特にウマの尺骨は非常に小さくなっている。機動的に小回りをきかせて走り回る小型哺乳類ではまだしも、直線的に走行する大型哺乳類では、ひねり運動を維持するための骨はマストアイテムではない。むしろ、強靭な1本柱により重い体を支えることが前腕の役割の1つだ。シカやカモシカなどでも尺骨は縮小傾向にある。

不要な部位は廃される。ポンコツ社員はリストラされる。進化も社会も厳しい世界である。特に鳥類は軽量化のため各部位で骨のリストラが進んでおり、縮小と癒合を繰り返している。前腕部の細い2本の骨も、ウシやウマのように癒合して1本の骨となった方が軽くて丈夫になるに違いない。にもかかわらず、手羽中の内部に2本の骨がきちんと維持されているのは、それだけ役に立っている証拠といえる。

翼の刻印

手羽中は、鳥の体の中で格別に重要な地位を占めている。なぜならば、ここは風切羽が付着する部位だからだ。

風切羽は翼を構成する主要な羽毛で、空を飛ぶための器官である。手羽中についているのは、次列(じれつ)風切羽と呼ばれる羽毛だ。ここで、前方から来る風をはらんで浮上する力を得る。次列風切羽は上に凸の曲線を描いている。前方からの気流は翼の上下を通過するが、翼には厚みがあり上面と下面では湾曲が異なるため、上面を通る空気の圧力が下面側よりも低くなる。上側が減圧される結果、上方向への力が発生して揚力が得られるのだ。小難しくいうと、ベルヌーイの定理のお世話になっているということになる。

肉屋に並ぶ鳥肉はすでに羽毛がむしられ、飛翔者としての誇りをズタズタにされているかのように見える。しかし、そこにはまだ風切羽の名残が隠されている。手羽中を後方から、つまりくの字にした時の内側から見ると、ヒラメのエンガワのような、あるいはランボーの機関銃の弾帯のような構造が並んでいる。これは風切羽の軸が生えていた足跡である。この構造は手羽元には見られないため、比較してみると手羽元と手羽中が担う役割の違いがわかるだろう。

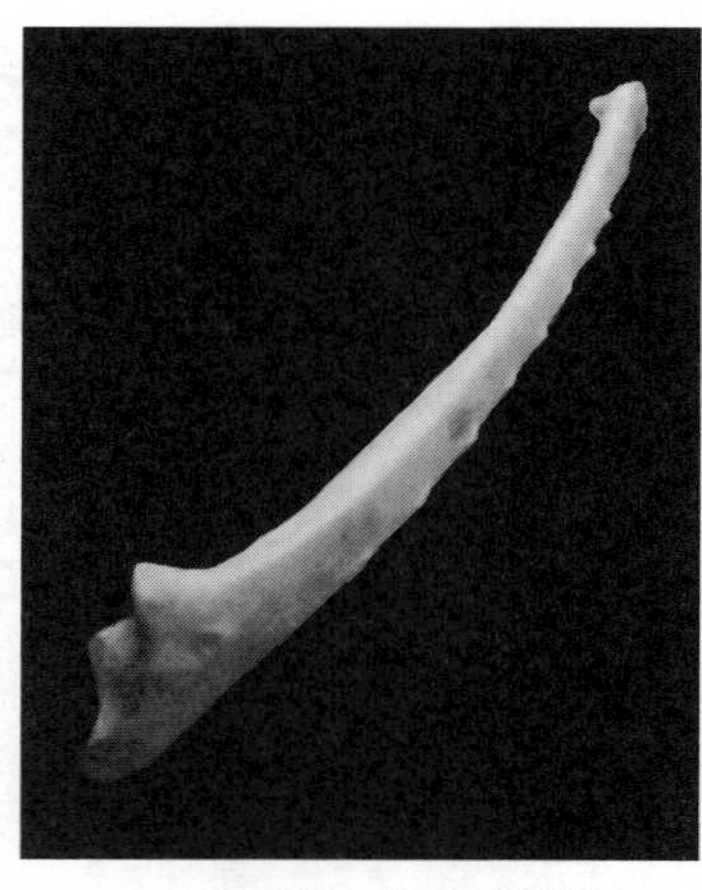

コサギの尺骨に並ぶ翼羽乳頭。

カラリと揚がった皮を堪能し、ふっくら柔らかい肉を食べきると、そこには尺骨が現れる。この骨をよく見ると、後方側に翼羽乳頭と呼ばれる小さな突起が点々と並んでいる。突起の大きさは種によって異なり、例えばキツツキやサギなどでは目立つが、ニワトリを含むキジ目ではあまり発達していない。特に若鳥では目立ちにくいため食卓では若干確認しづらいのだが、そういう突起があると信じて見るとその存在が確信できるはずだ。この翼羽乳頭は、次列風切羽が尺骨に付着している基礎の部分である。飛翔のための機構は、手羽中の内部にまでその刻印を残しているのだ。

鳥の体は羽毛で覆われている。そしてその羽毛は基本的に皮膚から生えている。しかし、風切羽の場合は、羽軸の基部が骨にまで達しているのだ。風切羽が飛行装置として風をしっかりと受け止めるためには、ニョロニョロのようにニョロニョロしているわけにはいかない。柔らかい皮膚では風圧で簡単に足元が揺らいでしまうが、羽毛の基部が骨で固定されていれば磐石である。嘘だと思ったら、こんにゃくの上に豆の木を生やして天まで登り雲上の鬼の住処まで行ってみるとよい。おそらく足元がグラついて雲に到達する前に天国に到達してしまうはずだ。強固な大地に支持を置く意義が体感できよう。

翼羽乳頭の存在は、間接的に風切羽の存在を示している。このことは恐竜学にも貢献している。恐竜図鑑を見るとオルニトミムスやヴェロキラプトルという恐竜の腕に風切羽で構成された翼が存在する復元図が見られるが、この恐竜の化石から風切羽そのものが見つかったわけではない。尺骨に翼羽乳頭が並んでいることが発見されたため、これが根拠となって、その腕が翼になっていたと推定されているのである。

普通が一番

アマツバメやツバメでは、風切羽が生えていない上腕部が格別に短くなっていることは前に紹介した通りだ。このためこれらの種では、上腕部に対して前腕部の長さは約150％にもなる。しかし、それ以外の多くの種では、上腕部の長さに対する前腕部の長さは80〜120％の範囲に入り、ほぼ1対1となっている。

当たり前の話だが、鳥は飛ばないときには翼をたたんで体の横に収納している。広げたままでは邪魔でしょうがなく、愛する伴侶と寄り添うこともできないからだ。上腕部を肩から体の後方に向け、肘を約170度曲げて、手首を肩の横まで持ち上げる。さらに手首を約150度曲げて翼の先端を後方に向ける。鳥は飛ぶために体に比して長い翼を持つが、これを少林寺三十六房の三節棍（さんせっこん）のように三つ折りにすることでコンパクトに収納しているのだ。

　このとき、上腕部と前腕部の長さに大きな違いがあると、翼をコンパクトに収納することが難しくなる。このバランスのおかげで、枝にとまる鳥は翼をきれいに収納できる。アマツバメやツバメでは他の鳥に比べて若干イカリ肩っぽく見えるが、これは上腕が相対的に短いためである。

　逆に、なで肩になっている鳥もいる。それは、飛べない鳥たちである。たとえば、エミューやフンボルトペンギンでは上腕に対して前腕の長さは約70%、ダチョウでは約30%しかない。ただし、ヤンバルクイナでは約85%となっており、他のクイナ類とあまり変わらない。彼らは飛翔力を減退させてからの歴史がまだ浅く、木登りや滑空などで補助的に翼を使うためだろう。

　尺骨にしろ橈骨にしろ、手羽中の骨は鳥骨の中でも見た目がつまらない部位の一つだ。上腕は翼を支え稼働させる重要な役割を持つので、中核となる上腕骨は太く存在感があり、筋肉が強固に付着するための独特の構造を持つ。一方で手首から先の手根中手骨（しゅこんちゅうしゅこつ）は複数の骨が癒合した複雑な形状をしており、種によって多様な形態を示している。しかし、前腕部分は翼の中央に位置するツナギ的な立ち位置にあり、種による特徴が出にくい。尺骨も橈骨も大して目立つ突起もなく、長さや太さに多少の違いがあるものの、どの鳥でも似たような細い棒となっている。ガンダムとガンキャノンに挟まれて右往左往するジムのような存在である。

そんな平々凡々たる橈骨尺骨界にも、ユニークな形態を持つ者がいる。それはペンギンの仲間だ。彼らは空を飛ばない代わりに海を泳ぐ。水鳥の泳ぎ方には、翼を使う羽ばたき潜水と足を使う足こぎ潜水があるが、ペンギンは前者である。このため彼らの翼は、フリッパーと呼ばれる一枚板状の器官に進化しているのだ。そしてその橈骨と尺骨は、水の抵抗を自在に操るため美事に扁平になり、水かきとしての機能を溢れさせている。中華包丁のような鋭利さを駆使して、すれ違いざまにカタクチイワシを三枚下ろしにする姿は圧巻である。というような報告はまだないが、泳ぐために洗練された形態美と言えよう。

一方、南米に住むキガタヒメマイコドリも独特の前腕を誇っている。彼らの尺骨は、はじめ人間ギャートルズたちが振りかざしそうな棍棒状の形をしており、マンモスを前にしても一歩も引かない迫力を持っている。マイコドリの仲間はマイケル・ジャクソンにちなんで命名されたという伝説を持つだけあり、みな求愛のために独特のダンスでディスプレイする。キガタヒメマイコドリは、このディスプレイの時に軽くジャンプしながら翼で音を出すのだ。

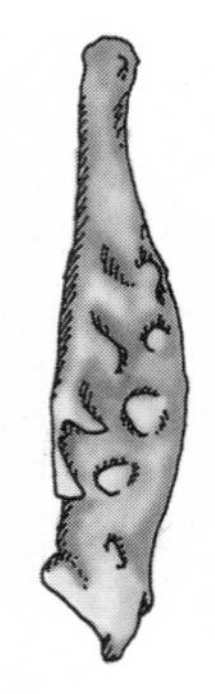

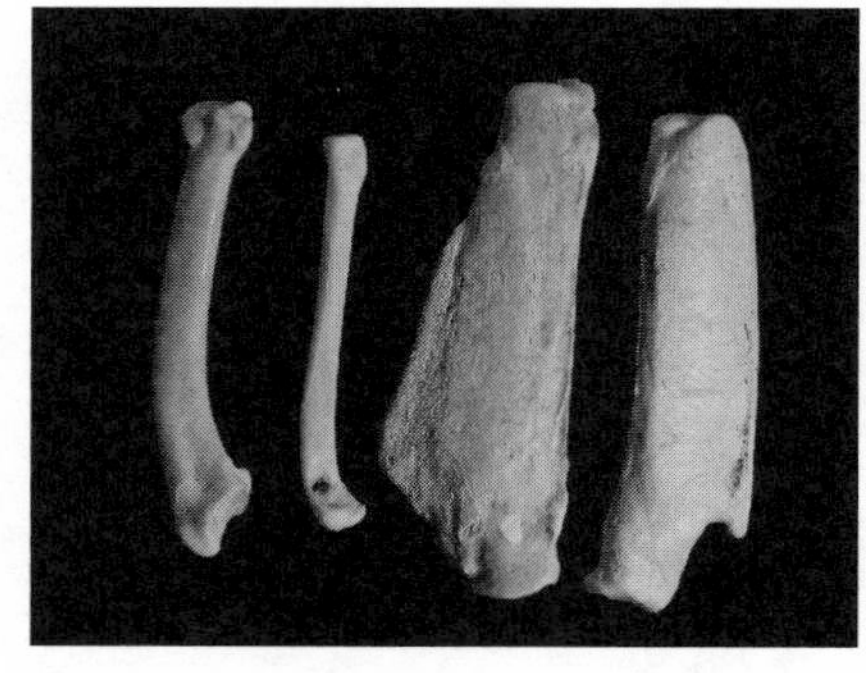

（右）左からニワトリの尺骨と橈骨、フンボルトペンギンの尺骨と橈骨。
（左）キガタヒメマイコドリの尺骨は棍棒状。写真がなかったので、K. S. Bostwick et al.: Biol. Lett., 8, 760（2012）の図を参考に描いた。

キガタヒメマイコドリの特徴は尺骨だけではない。次列風切羽の羽軸も棍棒状に変形し、その先端部を高速でこすり合わせることによって求愛のための音を出す。奇天烈な尺骨は、その高速風切擦りを支えるとともに、その音を共鳴させて美しい愛を奏でる機能を持つ。この愛の音を出すための高速羽ばたきは、毎秒105回という超絶スピードを叩き出す。もちろんこれは既知の鳥類の羽ばたきでは最高速である。飛翔時の羽ばたきとしてはハチドリが最高速とされるが、こちらは毎秒約80回に過ぎない。彼らの紹介時に「飛翔時の」と注釈がつくのは、真の王者キガタヒメマイコドリが南米で睨みを利かせているからなのだ。

一見おとなしい前腕部も、鳥類を支える機構の一部としての矜持をそこここにみなぎらせているのである。

＊

さて、手羽先の半分は手羽中だが、残り半分は手羽端(てばはし)と呼ばれる。しかし、手羽端は一般に手羽先の一部として販売されており、単独で店先に並ぶ姿はなかなか見られない。この世界には、手羽端のアイデンティティを認め単独販売する手羽端の聖地はないのだろうか。

そんな思い込みとともに、約束の地を目指す私の冒険が始まった。始まったと思ったらすぐに終わった。なぜならば、歩いて5分のスーパーで手羽端だけが山盛りになって売っていたのだ。だが、それは次なる冒険の序章に過ぎなかった。

ノー・テバハシ・ノー・バード

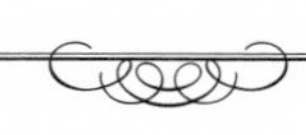

全ては誇りのために

私は人類を代表してサッカーに強い反発を覚えている。

二足歩行は鳥類と人類共通の特徴である。敬愛すべき我が始祖たちは、二足歩行により前肢を体重への隷属から解放し、手に道具使用の自由を与えた。そのおかげで人類は手を自在に操り、火、車輪、金属、漫画、現代文明の礎となる全てを発明した。手の使用こそ人類のアイデンティティに他ならない。

にもかかわらず手は反則。人間が人間らしさを発揮しただけで、この芋侍と嘲笑される。なんたる不条理スポーツ。人類の自慢の種を禁止するなど笑止千万。火星人にでも知られたら、たちまち銀河中の物笑いになるだろう。

運動無神経を誇る私は、表面上は紳士を装いながらおしゃれなカフェでいそいそと逆恨みに励んでいた。そんな私の目の前には手羽先の唐揚げがある。これは前肢解放同盟の同胞、鳥類の前肢だ。もちろん彼らのアイデンティティも、ここに刻印されている。

手羽先は「く」の字の細い方を持って食べる。まず口にするのは、肘から手首までに相当する手羽中、旨味のある優秀な部位だ。問題はその先、手羽端である。ここは基本的に骨ばかりであまり肉みを感じない。かじりついても皮すら剝がれず、上品に食べるのは至難の業だ。あまりここに執着していると、営業の域を超える微笑みをくれたウェイトレスさんに浅ましい客と思われ、恋の芽生えをみすみす摘み取る可能性がある。ここは引き際が肝心だ。

いや、逆にここで手羽端に手をつけずに放置したら、食品を無駄にする贅沢金満成金野郎のレッテルを貼られるかもしれない。それはまずい。食べるか残すか、実に難問だ。世界各地でそんな悲劇的ドラマが繰り返されるのは、全て手羽端のせいだ。だいたい、手羽端という呼称もメジャーではない。近所のスーパーでも「鳥ガラ」の名称で売られており、その独自性は完全に無視されていた。しかし、食肉としては取るに足らぬ手羽端も、鳥類にとっては極めて重要な部位だ。ここがなければ、鳥は飛ぶことができないのだ。

小さな骨は進化の名残

手羽端は手首から先の部位である。頑張ってここを食べていると、手首の近くに小さな骨が多数、長めの棒状の骨が2本、その先に短い棒状の骨がいくつか出てくるだろう。人間の手では、手のひらの手首近くに小さな骨がたくさんある。これは手根骨（しゅこんこつ）だ。手のひらには指に連なる細長い中手骨（ちゅうしゅこつ）があり、その先に指骨（しこつ）がある。鳥も人も基本的には同じ構造をしており、手羽端を構成する骨も根元側から手根骨、中手骨、指骨である。

鳥の手では、手根骨の一部と中手骨が癒合して手根中手骨という1つのしっかりとした骨になっていることが特徴だ。しかし、食肉は基本的に若鳥であるため、この部位の癒合がまだ進んでおらず、バラバラのままなのだ。

「個体発生は系統発生を繰り返す」。19世紀にドイツの生物学者ヘッケルが唱えた説だ。この見解には賛否の議論が繰り返されてきたが、少なくとも鳥の手羽端を見る限りでは納得のいく主張である。成鳥の手根中手骨は骨の癒合により独特の形態になっており、単独ではおよそ掌の骨だとは想像できない。しかし、鳥の祖先たる恐竜ではこの部位の癒合は進んでいない。若鳥の骨を見れば、癒合に至る進化の経路を推察することができるというわけだ。

確かにこの部位は食べにくいかもしれないが、コトコトとよく煮込むと良い出汁が出るし、皮も柔らかくなり骨から軟部組織がうまく外せるようになる。参鶏湯（サムゲタン）風にしてもよし、甘辛く煮てもよし。ぜひ一度ここを分解して、鳥の翼に手の名残りを感じてもらいたいものだ。

さて、この部位の重要性はその機能にある。食肉になる前には、この部位には初列風切羽が生えていたのだ。初列風切羽は、体を宙に浮かせる揚力を発生させることにも役立つが、羽ばたき飛行をするときに推進力を得るために頑張っていることも知られている。一般にこの部分の羽毛がなければ鳥類は空を飛ぶことができず、手羽端はその土台となる部位なのである。

動物園などでは、しばしば鳥類が放し飼いにされている。放飼されているのはダチョウやエミューなど飛ばない鳥ではなく、むしろハクチョウやカモなどの飛翔性鳥類であることが多い。にもかかわらず彼らが逃げていかないのは、初列風切羽が切断されているためだ。この羽毛を切れば彼らは飛べなくなり、開放的な場所でも

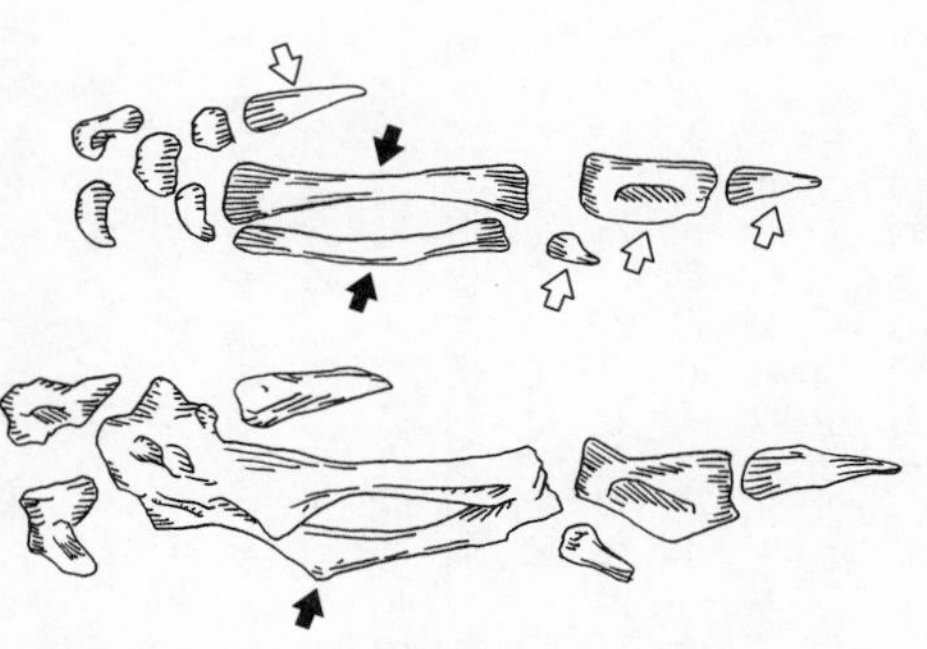

上は食後に手羽端から出てきた骨。
白矢印：指骨、黒矢印：中手骨、左の５つが手根骨。
下はニワトリ成鳥の手羽端の骨。黒矢印：手根中手骨。

放飼が可能となるのである。

　動物の愛護及び管理に関する法律、通称動物愛護法には次のように書かれている。

「動物の所有者又は占有者は、その所有し、又は占有する動物の逸走を防止するために必要な措置を講ずるよう努めなければならない」。風切羽の処置はこれに該当するものと理解できる。

　鳥の指は、すでに人間の指のようなマニピュレーションの機能は失っている。現生鳥類では、指骨は初列風切羽の基部となり、その機能の支えとなる。飛翔時に風切羽がぐらぐらとしていては効率的に飛ぶのは難しい。羽毛の基部が骨に直接付着し固定されることで、翼は安定した飛翔器官となっている。この固定を主要任務とするおかげで、関節などを可動させるための筋肉は不要となり、手羽端は骨と皮で形成されることが許される。指骨はいわゆる指としての機能を失っているが、手根中手骨とともに手に強固な構造をつくり、飛翔生活に多大な貢献をしている。食べにくい堅牢さは、飛翔のための進化の賜物なのである。

　手羽端は食肉としての価値が低い部位だが、次に出会った時には生前の機能に想いを馳せていただければ、供養にもなろうというものである。

　しかし待てよ、「生前」って不思議な言葉じゃないか？　赤ちゃんが生まれると生後というではないか。生まれた後が生後なら、生前はどう考えても生まれる前である。そもそも、死んだ後のことを死後というわけだから、死ぬ前は死前と呼ぶのが順当な日本語である。生後から始まり、生前を経由して、死後に至るとは、こはいかに？

3つ数えろ

さて、手羽端内の骨をよく見ると、周囲に飛び出したいくつかの細かい骨がある。これらは指に相当する部分だ。鳥の翼は外見上は完全に指を失っているように見えるが、骨からは3本の指が残っていることがわかる。実は、これらの指がどの指なのか、という点は近年の鳥類学史上で大きな論争になってきた。

従来は、鳥の指は第2、3、4指と考えられてきた。要するに人差し指から薬指までである。一般に第4指は尺骨の先に最初に発生する指とされる。鳥の場合も端の指が尺骨の先に生じることが確認されており、これが第4指と解釈されてきた。端が第4指なので、残りの2本は第2、3指というわけだ。しかし、このことは鳥類の進化を考える上で重要な障壁となってきた。

鳥類は恐竜の獣脚類（じゅうきゃくるい）から進化してきたと考えられている。これはティラノサウルスを含む二足歩行の恐竜のグループだ。羽毛恐竜の発見や骨の形態的解析などにより、鳥と恐竜の類縁関係は強く示唆されていた。しかし、つい最近まで手の指に関して矛盾する問題が残っており、恐竜鳥類化説は不動の地位を築くのに時間がかかってしまった。

獣脚類恐竜ではもともと5本の指があったが、時代につれて本数が少なくなることが化石証拠から確認されていた。しかし、そこでは小指から順に消失し、3本指になる場合は第1、2、3指が残っていたのである。

消失した器官は一般には回復しづらい。これはドロの法則と呼ばれ、進化の不可逆性を示す。恐竜時代に第4指が失われたにもかかわらず、鳥類でこれが再獲得されて代わりに第1指が消失しているというのは考えにくい。この指の構成の違いから、鳥類は恐竜の子孫だという説に対して異が唱えられていたのだ。

これに対して2011年にようやく決着がついた。東北大の教授らによる発生学的な証拠により、鳥の指が第1、2、3指であることが示されたのである。詳細は省くが、指の元になる原基が発生の初期には第4指が発生する位置にあるものの、その後に移動して、第4指を形成する部位の支配から脱していることが明らかになったのだ。この研究により、鳥類が恐竜から進化してきたことを否定する証拠がなくなったのである。

鳥ガラなどと呼ばれて軽んじられている部位だが、この通り進化の道筋の謎を秘めた注目すべきパーツでもあったのだ。

奥の手の使い方

手羽端はすでに指の機能を失い、基本的に風切羽を支えることを生涯の生業としている。しかし、相変わらず例外があるのが生物界の面白いところだ。世の中には失ったはずの指を持つ鳥がいる。たとえば南米に住むツメバケイ、漢字で書けば爪羽鶏である。

ツメバケイの幼鳥の翼には、第1指と第2指が露出し鋭い爪がある。彼らは樹上生活を行っているが、枝をよじ登るためその爪を使うのだ。成鳥は空を飛ぶことができるため爪は不要になる。このため、この指はいずれ消失し大人の階段を駆け上っていくのである。ツメバケイの爪は、蒙古斑みたいなものだと思ってもらえればよかろう。他にも、ダチョウの第1指や第2指、エミューの第2指をはじめ、指先に爪を残している鳥は現代でも健在だ。ツメバケイ以外では爪はあまり活用されておらず、いずれ消失する可能性が高いため、彼らの爪を確認したければ今のうちである。

手羽端の付け根部分は外部形態的には翼角（よくかく）と呼ぶ。翼をたたんだ時に前方に突出する、手首にあたる部分だ。この翼角に翼爪（よくそう）と呼ばれる特殊な器官を持つ鳥もいる。ただし、翼爪は爪と書くものの、発生学的には指の爪ではない。サケビドリでは手根中手骨の一部が、ツメバガ

ツメバケイ。

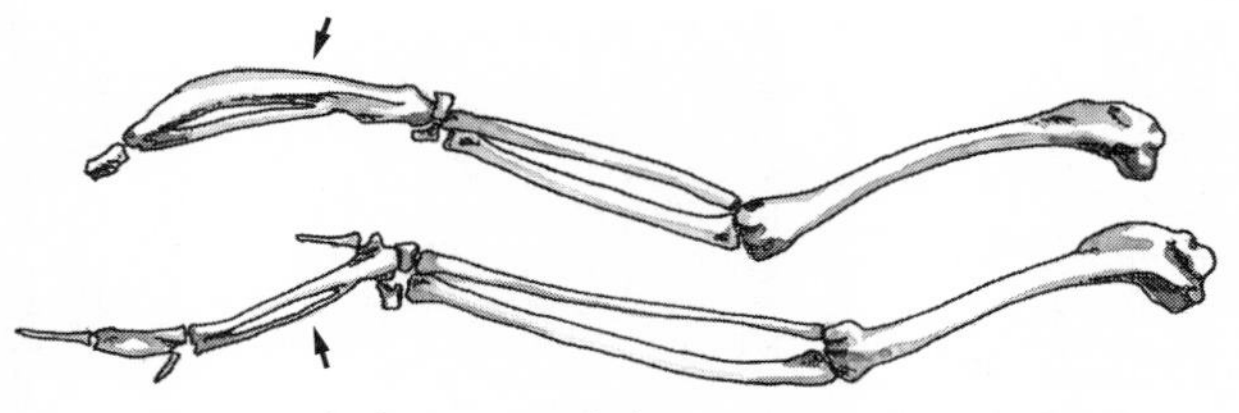

クセニシビス（上）とシロトキ（下）の翼の骨。矢印が手根中手骨。N. R. Longrich & S. L. Olson: Proc. R. Soc. B., **278**, 2333 (2011)を参考に描いた。

ンでは親指側の手根骨が翼爪となっている。日本でもチドリ科のケリには翼爪があるが、残念ながらこれが何に使われているのかはまだよくわかっていない。ただし、ツメバガンの場合にはオス間の闘争に使用していることが知られている。ケリは雌雄ともに翼爪があるが、オスの方が発達しているので、こちらもオス間闘争に使用されているのかもしれない。

指ではないが、手羽端を特殊に進化させた鳥として最大級の賛辞を捧げたい種は、ジャマイカのクセニシビスである。この鳥は、化石として発見された無飛翔性のトキ科の鳥である。トキの仲間ではハワイなどからも無飛翔性のものが見つかっているため、その点は驚くに値しない。問題は、その手羽端が異常に肥大化していることである。

一般の鳥類では、手羽端のメインフレームとなる手根中手骨の棒状の骨は、しっかりとはしているが別段太いものではない。しかし、クセニシビスの場合はまるでプクプクに実ったインゲン豆のように肥大化しているのである。手羽端は飛翔に資する部位である。このため、飛ばない鳥では縮小していてもおかしくない。にもかかわらず、この鳥では肥大化していたのだ。

この特徴を報告した論文では、この構造は武器だった可能性を挙げている。腕の先を振り回して、外敵への威嚇やオス同士での闘争に使うというわけだ。もちろん、骨の形態のみから行動を把握するのは困難であり、この推測に確固たる根拠があるわけではない。もしかしたら、両腕を打ち合わせて火の用心を唱えていたかもしれないし、サッカーでゴールキーパーをしていたかもしれない。残念ながらこのような形状の骨を持つ現生の鳥はいないため、その機能は謎のままである。

確実にいえることは、その手羽端は手羽中と同じくらいのボリュームがあるということだ。これだけあればきっと鳥ガラなどという不名誉な呼称をいただくことはない。鍛えられた筋肉は、さぞかし極上の旨みを献上してくれたことだろう。これを賞味する機会のないままにクセニシビスが絶滅してしまったことだけが心残りである。

＊

さて、読者の多くは仏教徒かと推察されるが、クリスマスなるイベントをご存じだろうか。日本で最も多くの鳥肉が消費されるのは、手羽端に雪が降り積もるクリスマスである。この日の食卓はチキンレッグであふれかえり、天国は脚のないニワトリであふれかえる。一般に幽霊になると脚がなくなるので、それほど違和感のない光景と言えよう。クリスマスが日本人に安易に受け入れられたのはこれが理由かもしれない。次章ではこれを検証するため、脚に注目していこう。

2

アシは口ほどに物を言う

もももすももも
ふとももとは関係ない

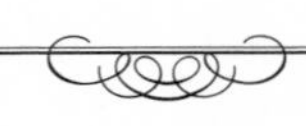

引き締まっているのがお好き

諸君は、柔らかい胸と弾力のある太もも、どちらがお好みだろうか。

確かに今年はマリリン・モンローの映画「七年目の浮気」公開から、ちょうど64年目の記念すべき年である。だからといって、破廉恥な話と誤解してもらっては困る。地下鉄の通気口からの旋風によるあの歴史的名シーンを考えると、美女の太ももが気になるのも詮ないことだ。しかし、私が話題としているのは、鳥肉である。勘違いした諸氏はどっぷりと反省してもらいたい。

諸君は、柔らかい胸肉と弾力のあるモモ肉、どちらがお好みだろうか。

胸肉がモモ肉に比べて柔らかい理由の1つは、これがあまり鍛え込まれていない筋肉であることに由来しよう。胸肉は飛翔筋であるため、鶏舎で飼育されるニワトリでは、残念ながらあまり鍛錬されない。実際のところ、野鳥の胸肉はよく引き締まっており、弾力に富んでいる。

これに対して、モモ肉は脚の筋肉である。食肉用のニワトリであっても、座禅を組んで1日を過ごしているわけではない。適宜立ち歩き体を支えているので、脚の筋肉は日常的にモリモリと活躍し、モモ肉はみるみるうちに引き締まり、弾力を生じるのだ。なお、鳥は眠るときも横になるわけではなく、立ったままか、またはヒザを折って休むことが多いため、モモ肉は夜の間もレオンのごとく緊張状態を保っている。

さて、ご存じの通り人間の太ももは、股関節からヒザまでの大腿骨(だいたいこつ)を支柱とした部位を意味する。しかし、鳥ではこの部位のみならず、ヒザから下のスネ肉まで含めてモモ肉と称されることがある。前にも述べたように、この本では、あくまでもヒザから上の大腿部に限定してモモ肉と呼ぶことをご了承願いたい。

大臀筋ほど素敵な筋肉はない

胸肉とモモ肉は、鳥肉専門店における東西の横綱的存在だが、見分けるのは簡単だ。包丁で切って、断面がまとまっているのが胸肉、複数の肉にバラバラになってしまうのがモモ肉である。

胸肉は、胸筋という1つの筋肉から構成されている、至極単純な部位である。その役目は、翼を打ち下ろすことに集約されているので、1つの運動ができればそれで問題ない。重要なのは、器用さよりも、むしろそこから生み出されるパワーなのである。このため、大きな1つの筋肉のかたまりとなっているのだ。

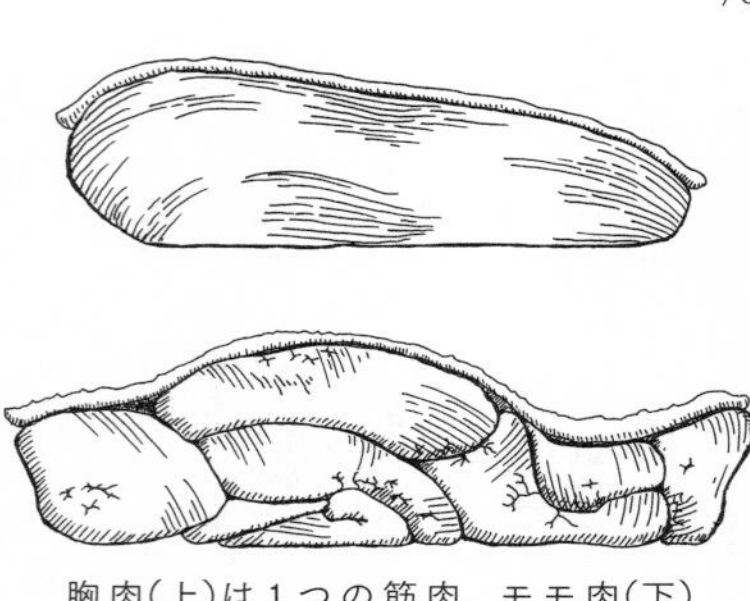

胸肉(上)は1つの筋肉、モモ肉(下)は複数の筋肉。断面で見分けられる。

これに対して、モモ肉と呼ばれる部位は、単一の筋肉ではない。大腿部には、10以上の筋肉がついている。大腿四頭筋、縫工筋、大腿二頭筋、半腱様筋、半膜様筋、内閉鎖筋、梨状筋、迂回筋など、小難しい名前の筋肉が含まれる。ちなみに人間では、大腿二頭筋と半腱様筋、半膜様筋をまとめてハムストリングスと呼ぶが、ハムとは元々はブタのモモ肉をさす言葉である。食品のハムも、本来はブタのモモ肉から作った物のみを指すことも豆知識である。

ここでは、細かい筋肉の名称を覚える必要はないが、モモ肉が筋肉の集合体であることだけ、心の片隅に留め置いてほしい。なお、モモ肉で最大の筋肉は、大臀筋である。これは、我々の尻の肉であり、キューティーハニーとニコチャン大王の魅力の約8割を構成する部位でもある。

多彩な筋肉があるということは、それだけ複雑な運動を制御していることを意味する。太ももは、多方向の運動を制御する部位である。股関節を曲げる筋肉、伸ばす筋肉、脚を外側に回す筋肉、内側に回す筋肉、膝関節を曲げる筋肉、伸ばす筋肉など、さまざまな役割をもった筋肉が集まっているのだ。

筋肉の多様さが表す通り、太ももの運動の自由度は高く、さまざまな方向に動かすことができる。この自由度を支える構造を、大腿骨の形態にて拝見することができる。

鳥のモモ肉の中心にある太い骨が、大腿骨だ。この骨の胴体につながる部分、つまり股関節部分を見ると、先端部から横に丸い球状の突起がついている。大腿骨頭と呼ばれる部分である。

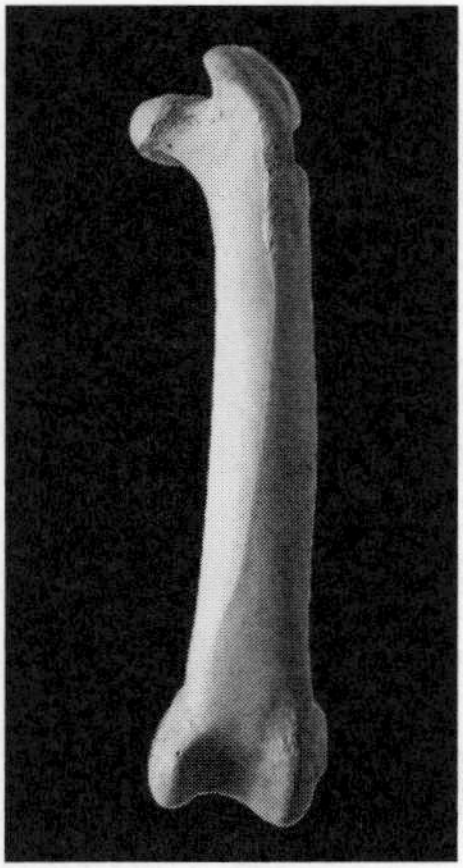

大腿骨頭は腰骨側面の穴にはまり、股関節の可動部となる。球状なので、全方向に動かしやすくなっている。模型玩具でも、自由な動きを確保したい関節では球状のパーツが用いられる。嘘だと思ったら、お年玉を握りしめて鋼鉄ジーグの超合金ロボを購入し、確かめてみてほしい。

大腿骨の球状構造は、鳥だけが採

ニワトリの大腿骨。
上が股関節、下がヒザ。

用したものではない。人間を含めた哺乳類や、恐竜、爬虫類などでも、鳥の股関節に似た構造を見いだすことができる。ためしに、イリエワニと一緒に股関節のレントゲンを撮ってみれば、そのことがわかるだろう。ただし、イリエワニは最大10mにも達する現生最大の爬虫類であり、彼らにとっては人間なんてかっぱえびせん的存在に過ぎないので、それなりの覚悟をもって臨む必要がある。

次に大腿骨のヒザ側の関節面を見ると、滑車のようになっている。この構造は、一方向に運動するのに適した構造だ。鳥はあまりヒザをねじって足の方向を変えることはない。鳥の大腿骨の両端を見れば、関節の構造の妙を実感することができるはずだ。

さて、私も大腿骨の両端を堪能するため、鳥のモモ肉を買ってみた。しかし、残念ながら大腿骨頭は切断されており、残っていなかった。この部位は腰の骨に深く挿入されているため、精肉時に切り落とされることがしばしばあるのだ。また、一般に売られている鳥肉の多くは、若鳥である。若鳥では骨端の構造が十分に形成されておらず、形態の妙を確認しづらいきらいがある。

確実にこの部位を検分したい場合は、まずはヒヨコを購入し、成鳥になるまで十分に生育してから、謹んで食卓に供することをおすすめしよう。食卓の裏には、常に倫理的な主題がつきまとうものである。食材が、個体の死の裏返しであることも、我々が誠意を持って実感すべきことの1つだ。

太ももは無用

忙しい日常の中、たまには庭に目をやり、飛来するスズメの脚を見てもらいたい。庭に野良ダチョウが来ていたら、もちろんそれでもかまわない。その脚のヒザの曲がり方が妙であると疑われることがある。確かに、脚の真ん中あたりに関節があるが、後ろでなく前方に曲がっているのだ。その姿を見ると、糊をくれた老婦人に対する復讐が招いた呪いの結果ヒザが逆に曲がったのであると新たな昔話を作りたくなるが、実際にはそんな呪いはかけられていない。鳥でもヒザは前には曲がらないのだ。

火星人の風習とは異なり、地球人はクリスマスにターキーレッグやチキンレッグを食べるため、鳥の脚部の形状をよく見慣れているはずだ。食用の脚を見ると、鳥のヒザの関節は、確かに人間と同じ方向に曲がっている。そう、鳥の脚の中心で逆に曲がっている関節は、ヒザではなくカカトなのである。では、鳥のヒザは一体どこにあるのだろうか。

鳥も人も、二足歩行をする点で同類だ。相違点はスキップができるか否かぐらいだと思っている人も多いはずだ。しかし、両者の脚のつき方は大きく異なる。人間の脚は胴体の真下についているが、鳥の脚は胴体の横に端を発しているのだ。そして鳥の太ももは、胴体に接する形で斜め前方に伸び、胴体のシルエット内で完結している。このため、ヒザも胴体の直近にあり、通常は羽毛に隠れていて外からは見えないのだ。

鏡の前で自分の脚のバランスを見てもらいたい。ヒザから上とヒザから下が、だいたい同じ長さになっているだろう。つまり、太ももは脚の長さの約50%を占めていると言える。私たちが体育座りをできるのは、このバランスのおかげである。

次に、鳥を見てみよう。前述の通り、鳥の脚の中央に目立つ関節は、カカトだ。彼ら

曲がっているのはヒザではなくカカト。

ヒザの位置は一目瞭然。

は常時つま先立ちをしているということである。このカカトから先の骨を足根中足骨（そっこんちゅうそくこつ）という。人間で言えば、足の甲の骨だ。そして、カカトからヒザが脛足根骨（けいそっこんこつ）、ヒザから上が大腿骨である。鳥の脚の長さは、この三つの骨の長さで決まる。

そこで、鳥の大腿骨、脛足根骨、足根中足骨の長さを測ってみた。脚の長い鳥の代表としてツル、サギ、セイタカシギを、比較用にニワトリを対象とした。すると、脚の長さに太ももが占める割合は、ツルとサギで約20％、セイタカシギで10％、ニワトリで30％だった。

ここでは、単純に3本の骨の長さの合計を脚の長さとしている。しかし、実際には鳥の大腿部は真下ではなく、斜め前方に伸びる。このため、太ももの貢献度は、さらに低いはずである。

また、外見で脚と認識される部分は、胴体から下に飛び出しているヒザから下の部位だ。その意味で、見かけの脚の長さに対する太ももの寄与率は、ゼロだとも言えよう。脚の長さの半分が太ももで構成されている人間とは違い、鳥はヒザから下で脚の長さを稼いでいるのである。

鳥は脚が長いと、地上走行や水辺での採食で有利になるが、胴体の横にある太ももはこれに貢献しない。このため、太ももの長さは胴体のサイズに比例しやすく、ヒザ下の長さのみが、鳥の行動や生活場所により大きく変異するのだ。

片脚分のチキンレッグを太ももとスネに分けて重さを量ると、前者が147g、後者が76gだった。かかとから先にはほとんど筋肉はついていないので、脚全体の重量の約3分の2が太ももに集中していると言える。実は人間でも、太ももは脚の重さの約3分の2を構成している。しかし、鳥の太ももは相対的に短いので、この部位の恰幅のよさが目立つことになる。

鳥の脚はつけ根が重く、足先に向かって急激に軽量化されている。太ももはぽっちゃりさん、ヒザから下はモデル体型という、二極化が生じているのだ。

この重量バランスは、食べやすいからでも、ましてやヒザ下のスリムさを強調するためでもなく、飛翔行動に起因していると考えられる。鳥は、体の支持器官として、そして同時に移動器官として脚を利用しているため、相応の筋肉を必要としている。しかし、重量による飛翔への影響は最小限に抑えたいところだ。そこで、最も影響の少ない体重配分を進化させてきたものと考えられる。それが、体の中心部に重量部を配置すること、つまりマスの集中化である。

飛翔をしましょう

同じ重量でも、体の辺縁部に重さが分散するより、中心に集中させた方が小気味よく動ける。スポーツ性能の高いバイクでは、重いエンジンを中心にタンクなどの重量物がまとめて配置されている。そのことにより、軽快な運動性が得られるのだ。ここはビューエル社のライトニングあたりで試してほしいところだが、時すでに遅く、同社は業界から姿を消してしまった。実に残念なことだ。

その一方で、いかに重量を集中させようとも、脚部の重さは、確実に飛翔能力を削ぐはずだ。ニワトリの肉ばかり食べていると、鳥の太ももにはたっぷり肉がついていると誤解してしまう。しかし、ニワトリは空を飛ぶよりも地上を歩くことを得意とする鳥である。このため、鳥としては大型の脚を持つ種であることは間違いない。

鳥の脚が体重に占める割合は、ニワトリでは約15%だ。これに対して、スズメやカモ、ハトなどの普通の鳥では5〜10%、空中や水中に適応したカモメやカワセミなどでは5%以下、自在な飛翔性能を誇るハチドリでは2%以下しかない。15%を越えるのは、地上性のクイナやキジ、脚で獲物を捕まえるタカやフクロウなど、脚をよく使う鳥ばかりである。肉の多いニワトリで、野鳥と比べて脚の重量割合がそれほど大きくないのは意外かもしれない。これは脚のみならず、他部位にも肉が多い個体が選抜されてきた結果だろう。

人間では、脚の重さは全体重の約35%にもなる。鳥の太ももは確かに重量感のある部位だが、鳥類では脚そのものが抜群に軽量化されているのだ。脚は地上用の道具という点で、最も飛翔に関係がない部位に感ぜられる。しかし、この部位もまた、飛翔という鳥類最大の特徴を支えるための、1億5000万年の進化の痕跡が刻み込まれた由緒正しい器官なのである。

＊

さて、モモ肉を扱った以上、次はスネ肉に言及せねば不公平だろう。
スネ肉と掛けて、祇園祭と解く。
その心は、どちらもダシがたくさん出ます。
お後がよろしいようで。

おいしいスネのかじり方

弱点が知れ渡っている武蔵坊弁慶。

もう筋肉なんていらない

剛の者として有名な武蔵坊弁慶、英雄叙事詩イーリアスの主人公アキレウス、大蛇すらも恐れおののくナメクジ。これらの三者の共通点は、強大なる力を持つと同時に、弱点が世に知れ渡っているということだ。強ければ強いほど、敵に研究され弱点が露呈するのは世の常である。アイアンマンもカル・エルもこれに苦しめられてきた。彼らの弱点は一流の証だ。

一方、弱点が露呈しているからといって一流だとは限らない。弁慶の泣き所にアキレス腱、疲れると腓返り。スネの8割は弱点でできていると言って憚りないが、褒め言葉はろくに聞いたことがない。これでは、我々の体重を支えてくれるスネがあまりにも不憫である。汚名返上のため、責任を持って鳥のスネの魅力を考えねばなるまい。

繰り返しになるが、巷では太ももとスネの連なったチキンレッグが、まとめてモモ肉として売られている。ここでもスネという部位が蔑ろにされているように見受けられるが、これはあながち間違いではない。確かに、ヒザ下までモモと呼ぶのには違和感がある。しかし、太ももを大腿（だいたい）と呼ぶのに対して、スネの部分を下腿（かたい）と表現する。そう考えると、スネも広義のモモ肉なのである。

鳥のスネを支える骨は、脛足根骨（けいそっこんこつ）である。この骨は、人間では脛骨と足根骨に分かれているが、鳥の場合はそれらが癒合して1つの骨になっている。鳥類では、発生的には異なる複数の骨がしばしば癒合して1つになっていることがある。骨の数が1つ減れば、関節も1つ減少する。関節がなくなれば、そこを動かすために必要な腱や筋肉も省略され、軽量化につながる。空を飛ぶことを生業としている鳥類にとっては、軽量化は必須命題である。

関節の減少は、同時に可動性の減少も意味する。しかし、鳥は飛翔を優先して進化してきた生物なので、脚に関してはそれほど複雑な運動は必要としない。また、関節を排して癒合することにより頑健な構造も得られる。複雑な運動が不要である一方で、地上や樹上で体を支えるための丈夫さは必要である。脛足根骨は、癒合により軽量化と堅牢化が施されているのだ。

鳥の種によって多少変異があるが、スネの部分は上半分に筋肉がつき、下半分になるにつれて骨と皮だけになっている。のび太をいじめる金持ちドラ息子の名前が頭に浮かぶのもやむを得ないことだ。鳥の脚を見ると、スネの下半分からカカトを経由し趾（あしゆび）まで、ほぼ筋肉がついていないのが見てとれるだろう。筋肉がついていなくとも、彼らの脚はきちんと動いている。なんとも不可思議きわまりない。

手や足についている筋肉は骨格筋と呼ばれるもので、基本的に筋肉の両端が関節をまたいで骨に付着している。この構造に則って筋肉を伸縮させることで、関節を曲げ伸ばしすることができるのだ。もちろん、スネの筋肉も同様である。ここの筋肉の末端は、スネの後半から腱になっている。この腱は、カカトの関節を通り、趾まで達する。スネについている筋肉は、とても長い腱を介して、カカトや趾の動きを司っているのである。外見的には骨と皮だけに見えるが、その隙間には腱が隠されているのだ。

もし足先まで揃った鳥の生足を手に入れられたなら、スネの筋肉を分解してみてほしい。それぞれの筋肉に連なる腱を引っ張れば、それに合わせて趾が曲げ伸ばしされ、マジックハンドのように動かせるはずだ。足先に筋肉がついていなくても、趾を十分に制御できる巧妙なカラクリが体感できるだろう。

ところで、人間以外の哺乳類や鳥にとっても、果たして弁慶の泣き所は弱点なのだろうか。この点について論文を探してみたが、見つからなかった。きちんと研究すれば、イグ・ノーベル賞を狙えると思うので、卒論のテーマが決まらない若者はぜひ挑戦するとよい。

退化の快進

鳥のスネ肉を食べていると、主たる骨である脛足根骨の横に、細い爪楊枝のような骨がくっついているのを見たことがないだろうか。未体験の人は、次回は気をつけて見てみてほしい。ここが邪魔で食べにくいとケンタに苦情を言うモンスタークレーマーもいるはずだ。しかしこれは販売店の責任ではない。この部分は腓骨と呼ばれる立派な骨なのだ。

腓骨は、脛足根骨の外側面にくっついていて、下部に向けてスゥッと細くなる。脛足根骨に比べると存在感の希薄な骨である。この存在感のなさを考えると、なんだかあまり役にたっていないもののように見える。カツオドリやタカの仲間などでは、腓骨が脛足根骨に癒合して一体化している種もある。腓骨は、腰にある腸骨や足先にある中足骨に連なる筋肉が付着する部位となっているため、全く役に立ってないわけではないが、独立した部位として維持するほどの価値はないということなのかもしれない。

腓骨は人間の脚にもある。ヒザからカカトまでの間にある2本の長い骨のうち、体の外側にある細い方が腓骨だ。1つの部位を2本の骨で支える構造は、腕の肘から手首にもみられる。これは関節をひねる運動を利する構造だが、人間も鳥も、下腿部ではほとんどひねり方向の運動はできない。やはりここでも腓骨は運動にはあまり貢献していないようだ。

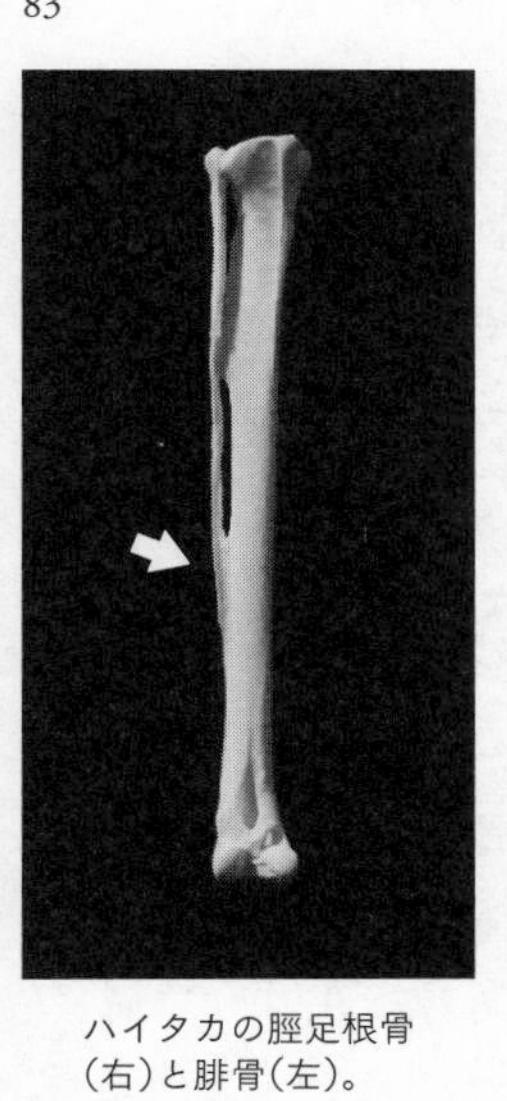

ハイタカの脛足根骨（右）と腓骨（左）。下部で癒合している（矢印）。

しかし、人間の場合は、腓骨の別の利用方法が開発されている。それは骨移植の原料である。骨の一部を欠損した時、他の部位の骨を移植する場合がある。その採取候補地の1つが腓骨であり、妖鳥シレーヌにとってのカイム的存在なのだ。もちろん移植すれば腓骨が欠損する。しかし腓骨が足りなくても、日常の活動には特に問題ないらしい。腓骨は体重を支える機能もあるはずだが、なくてはならないというものではないのだ。

哺乳類を見渡すと、ウマやウサギ、ネズミなどでは、腓骨が脛骨に癒合し一体化している。ウシやシカに至っては、この骨は痕跡的にしか残っていない。腓骨は、鳥にも、人にも、いくつかの哺乳動物にも、いずれ消えゆく黄昏の器官となっていると言えよう。骨はリン酸カルシウムの塊だ。これを作り出すには、それだけのエネルギーがかかる。そのコストに見合う働きがなくなれば、徐々に退化していくのだろう。

退化は、退行的進化とも称される進化のパターンの1つである。そのネガティブな響きから研究者によっては「退化」という言葉の使用を敬遠する向きもあるので、「消失」と言い換えてもよいだろう。現在に生き残る野生生物は、ベストな進化の結果を示しているものと思い込みがちだが、ある進化が到達点に至るまでの間には、途中段階が存在するのは当然のことだ。こぢんまりした鳥の腓骨は、まさに進化の途上と言えよう。途中段階である以上、セルの第二形態のようなもので、まだ最終形態ではない。しかし、いずれ腓骨は鳥の脚から姿を消して完全体に至ろう。1000万年ほど我慢すればチキンレッグも食べやすくなり、クレームも減少することをここに予言しておこう。

ピザでも肘でもありません

サイボーグ004ではミサイルがついていた。ジャンピング・ニー・パッドは、ジャンボ鶴田の得意技だ。ヒザには、戦いの香りが漂っている。鳥の場合も、まるで武器のようなヒザを持つものがいる。

普通の鳥は、脛足根骨の上端で大腿骨と関節し、脚の骨格はヒザ関節を中心にくの字型になる。進行方向が右なら、＞の字型だ。しかし、オオハムやカイツブリの脚の骨格を見ると、脛足根骨の上端部がヒザの関節を越えてさらに上まで伸び、まるでヒザに棘があるかのような構造になっている。この脚でムエタイをやったら、対戦相手は全員病院送りである。この突起は、膝蓋骨（しつがいこつ）である。

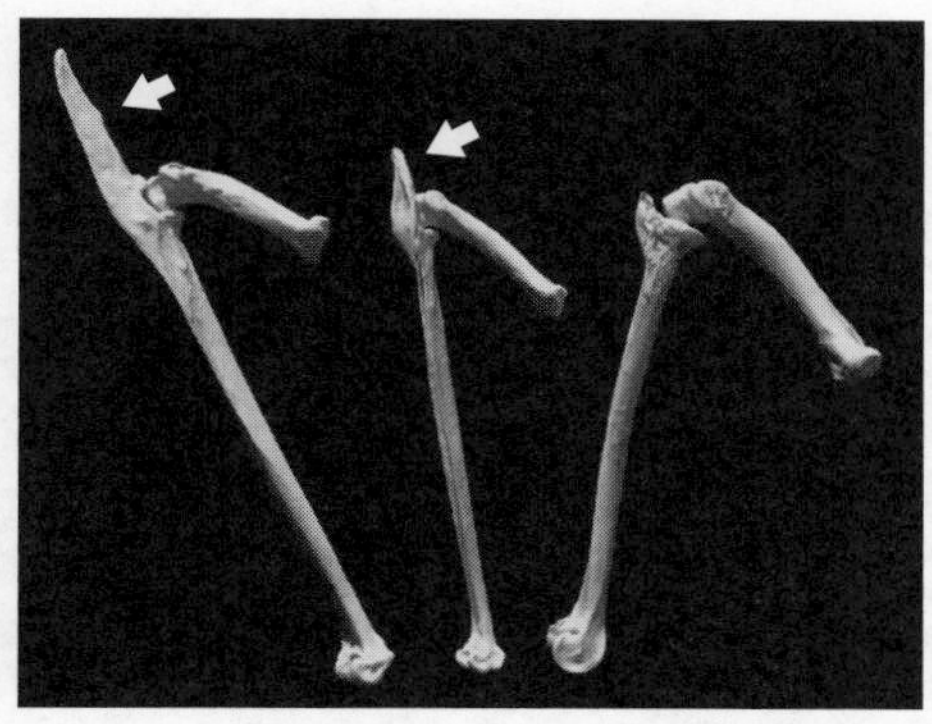

左からシロエリオオハム、カンムリカイツブリ、カワウの大腿骨＆脛足根骨。ヒザの突起（矢印）に注目。

膝蓋骨は人間のヒザにもあり、主に関節前面の保護と膝小僧の居住スペースの確保の役割を担っている。鳥の膝蓋骨は一般には独立した骨だが、オオハムやカイツブリでは脛足根骨と癒合して1つとなっている。その結果、膝関節に剣状の突起となって存在しているのだ。ただしこの突起は骨格だけのもので、残念ながら外見上の武器がついているわけではない。突起は、厚い筋肉に埋まっているのである。

オオハムとは風変わりな名前だ、きっと太っておいしそうでお歳暮の箱に丁寧に梱包されている鳥に違いないと揶揄する人もいるだろう。実にもっともな話だ。私もその名を初めて知った時は呵呵大笑したものである。しかしその名は「魚喰み」に由縁し、至極実直に行動を表すのだと言われている。また、カイツブリは八丁潜りの異名を持つ。両種とも、水中で魚を追って潜水することを得意とする鳥類だ。

潜水の動力には、大きく3つある。勢いと、翼と、脚だ。カワセミは、空中から猛スピードで水中に突き刺さる。ペンギンは、翼で推進力を得る羽ばたき潜水だ。そして、オオハムやカイツブリは、脚部をエンジンとする足こぎ潜水である。

強大なる抵抗に逆らって水中を進むためには、大きな推進力が必要となる。その推進力を生み出すのが脚についた筋肉である。このため、足こぎ潜水型の鳥では、大腿部から下腿部に大きな筋肉が格納されている。ここでヒザの突起が活躍するのだ。ヒザの長い突起は、それだけ多くの筋肉を付着させられることを意味する。大腿部の大きな筋肉から発生した力をこの部位で受け止め、脚を力強く動かすことができるのだ。トリガラの項で後述する竜骨突起と似たような機能である。また、関節部を支点として突起が天秤の片腕となり、てこの原理により効率よく下腿を制御し推進力を生むものと考えられる。

海鳥のミズナギドリでも、ハシボソミズナギドリやセグロミズナギドリなど潜水性の強い種では、同様の構造が脛足根骨に発達する。白亜紀の地層から発掘された古鳥類のヘスペロルニスでも、膝蓋骨がヒザから上に突起状になっており、潜水性鳥類だったものと考えられている。しかし、この構造は絶対的な条件ではない。たとえば、カワウやウミウはヒザにこのような突起状構造を持っていないが、足こぎ潜水を行う。一方で、この構造を持っていて潜水しない鳥はいない。必要条件ではないが、十分条件となっているのである。

大も小も中を兼ねない

下腿部は大腿部とは違い、脚の長さに貢献する部位であることは、すでに前項で述べた。そこで、今回も脚の長さに対する各部位の割合を、いくつかの鳥で算出してみた。脚の長さは、大腿骨、脛足根骨、足根中足骨の長さの合計として考える。特定のグループに偏らないよう、ダチョウ、カモ、ニワトリ、サギ、タカ、ツル、シギ、ハト、フクロウ、アカショウビン、キツツキ、ヒヨドリ、カラスの13種を対象に計測してみた。

すると、大腿骨は脚全体の長さの11〜33％、脛足根骨は41〜48％、足根中足骨は21〜43％を占める結果になった。この中には、脚がアンバランスに長いセイタカシギや、極端に短足なアカショウビンも含まれている。そのおかげで、大腿骨では最大3倍、足根中足骨は2倍の差があった。にもかかわらず、脛足根骨ではみな40％台におさまり、非常に安定していることがわかる。これを、45％の法則と呼ぼう。ちなみに、突起部が邪魔なのでオオハム、カイツブリ、ミズナギドリは計算から外したが、突起部を除けば似た結果になる。

鳥の脚は、ヒザとカカトで2回曲がるZ型をしている。中央に位置する脛足根骨の長さが50％弱の比率で安定しているわけだ。これは、残りの2本の骨を合計した比率が、50％強でほぼ一定することを意味する。このバランスを保つことで、どの鳥種も、脚を伸ばしても曲げても、脚の接地位置のほぼ真上に脚の付け根が乗ることになる。このため、体勢にかかわらず重心を足の上に保ちやすく、安定した姿勢を保持できるのだ。

常時二足歩行は、現生脊椎動物では人間と鳥のみに許された特異な運動である。この不安定な運動を維持するための秘密が、弱点だらけに見えた下腿部に隠されていたのである。

＊

ここまでで脚のカカトまで降りてきた。次項はこの流れのままカカトから先の部分、通称モミジと呼ばれる部位に注目しよう。風流を解する方は、モミジの項は落葉舞い散る秋にお読みいただきたい。春に読みたい方には、季節が逆転した南半球をお勧めする。南半球で唯一のモミジの仲間が分布するインドネシアが適切だろう。

真っ赤じゃないけど、モミジだな

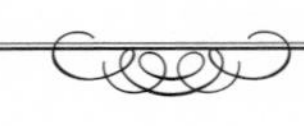

日本三大食用モミジ

大阪の箕面(みのお)市では、モミジの葉の天ぷらが特産品となっている。正体はほとんど衣ではないかという疑問は無粋なので御遠慮願いたい。粉もんが牛耳る大阪とはいえ、主役はあくまでも葉っぱである。遥か飛鳥の時代、修験道の開祖たる役小角(えんのおづぬ)が、モミジの美しさに屈服して揚げて食べたのが特産品の始まりというエピソードもある。美しいから食べてみたというのもどうかと思うが、その味わいには千三百年の歴史の香りが仄めいている。

モミジには毒があるわけではないが、食品として扱うことは稀である。箕面市民以外で好んで食べるのは、カイガラムシやキクイムシばかりだ。そのおかげで、お茶受けでモミジといえば言わずと知れた饅頭のことである。しかし、キッチンでモミジと言えば、それは木の葉でも饅頭でもなく、鳥の足のカカトから先のことである。

確かにニワトリの足は、細長い趾（あしゆび）がしっかりと開かれており、イロハモミジと見紛う形状をしている。私自身、紅葉狩りのつもりが養鶏場に迷い込み、煮え湯を一服頂戴して家路に就いたことは1度や2度ではない。モミジの二つ名にも納得である。中華料理屋では鳳爪と称して甘辛煮や塩茹でで供されており、御賞味された方も少なくなかろう。この部位には肉がほとんどなく、骨にまとわるわずかな腱と皮が可食部となっている。

なお「趾」とは足の指のことであり、手の指は「指」と書く。ただし、「趾」は常用漢字ではないため、足にも「指」が使われることがある。ここでは、知ったかぶって両者を使い分けることをご容赦いただきたい。ちなみに英語でチキンフィンガーとはささみのことなので、アメリカの中華料理屋でモミジを頼む時には要注意だ。

これぞモミジ。矢印が跗蹠。

甘辛く調理されたモミジは、大分県日田市の郷土料理としても親しまれている。足先まで食べるなんて、きっと貧しい片田舎ねとおもむろに偏見を滲ませた読者もおろう。確かにモミジにはかぶりつくべき肉もなく、植物モミジ同様あまり食卓に並ばない。市場では２００円／kgと納得の価格を実現しており、64万円／kgを誇るアイフォンXSユーザーからは哀れみの視線をいただいている。

しかし、モミジはプリプリしたコラーゲンのかたまりである。貧乏食どころか美容に最適だ。お肌のケアにもおすすめなので、九州旅行の際には日田へ寄り道してご賞味いただきたい。ただし、私は日田に行ったことはないので、お好みに合わなかったとしても自己責任だ。

兎雀化計画

カツカツと音を響かせてオフィス街を歩くハイヒール美女を素敵に思う。我ながらなぜなのかと不思議に思っていたが、モミジで解決した。彼女らは鳥に似ているのだ。

カカトから先は、人間と鳥で全く異なる。一般に人間は、カカトを地面につけて歩く蹠行性(しょこう)だが、鳥はカカトをつけずに趾で歩く趾行性(しこう)だ。これは、人間と鳥を区別するときの識別点にもなるので、見分けがつかなくなったらここに注目してもらいたい。しかし、ハイヒールを履くと爪先立ちとなり、蹠行性よりむしろ趾行性に近くなる。そう、この点でハイヒール美女は鳥も同然なのである。私がジロジロ見ているのはあくまでも鳥類学者として観察の範疇なので、決して通報しないようご注意いただきたい。

人間の場合は、カカトから趾の付け根までが足の裏となっており、足根骨や中足骨という多数の小さな骨で構成されている。接地面積を増やして体重を分散させることにより、本来不安定な二足歩行において安定性を確保できている。これはゴジラと同様の構造である。一方の鳥類では、この足の裏に相当する部分が足根中足骨という1本の骨に癒合している。この部位は地面に接しているわけではないため表面積を増やす必要はなく、むしろ癒合により軽量かつ頑丈な骨を形成して体を支えているのだ。

　鳥類の場合、カカトから趾の付け根までの部位を跗蹠（ふしょ）と呼び、足根中足骨は跗蹠骨（ふしょこつ）とも呼ばれる。前述の通り、この部位には肉がほとんどついておらず、ゆえにその運動は筋肉ではなく腱が支配している。この腱は単なる軽量化だけでなく、鳥の移動において不可欠な役割を果たす。

　鳥の歩き方には、主にホッピングとウォーキングの2通りがある。前者は両足をそろえて移動する方法で、後者は交互に足を出す方法だ。例えばスズメはホッピングを、ハトはウォーキングをすることが多く、また両方をこなすカラスのような鳥もいる。ウォーキングは人間にも違和感のない運動だ。一方でホッピングは、昭和の野球部が階段の遥か上にある神社を参拝する作法として儀式化されていた以外では、めったに用いられない移動方法である。

　しかし、鳥にとってホッピングは神頼みでも鍛錬でもなく、通常の移動手段となっている。鳥のくせにウサギ跳びができるのは、十分に長い跗蹠を持つためだ。この部分にはバネとして機能する長い腱が収納されているため、彼らは効率よくホッピングできるのである。腱が短ければ、バネとしての効果も低下するはずだ。

ところでウサギは四足歩行であり、十五夜お月様見て跳ねるときも前足をついて跳ねる。これに対して、野球部は前足をついたら先輩に叱られるので、後ろ足のみで跳ねる。つまり、彼らがやっているのはウサギ跳びではなく、鳥類同様のホッピングである。手を腰にあてる姿も、翼を背中でたたんでいる姿を彷彿とさせ、ますます鳥にしか見えない。どなたか、今後はウサギ跳びをスズメ跳びと改名するよう、高野連に提案しておいてくれまいか。

これはスズメ跳び。

カウガール・ブルース

鳥の足がモミジ形になっているのは、キツネの襲撃を恐れて植物に擬態しているためだと思いこんでいたが、よく考えるとそうではないのかもしれない。鳥は趾行性のため、二足歩行での安定性を向上させるには趾を伸ばして接地面を増やすことが得策だ。これこそが、足がモミジの葉のように広がっている理由と考えられる。スター・ウォーズの二足歩行ロボットAT-PTが、同様の形態で安定感を維持していることも傍証である。

ニワトリの足を見ると3本の趾が前向きにつき、親指にあたる第一趾が後ろ向きについている。このように趾が向かい合うことを、対向性と呼ぶ。この対向性を持つことで、鳥類は足の接地範囲を前後に大きく広げることができる。ヒバリやタヒバリなどは地上をよく利用する鳥だが、彼らの第一趾の爪はとても長く伸びている。東南アジアに住むバンケンという鳥の仲間では、趾の長さよりも爪の方が長いくらいだ。このような鳥は、爪を利用してさらに接地範囲を伸長し、安定性を強化しているのだろう。

しかし、対向性は地上活動のために進化してきたものではない。人間の手も、親指が他の指に対して対向しているが、これは物をつかむことに適した形態である。鳥の趾の対向性も、同様の機能を持って進化してきたものと考えられている。鳥類の祖先は恐竜であり、

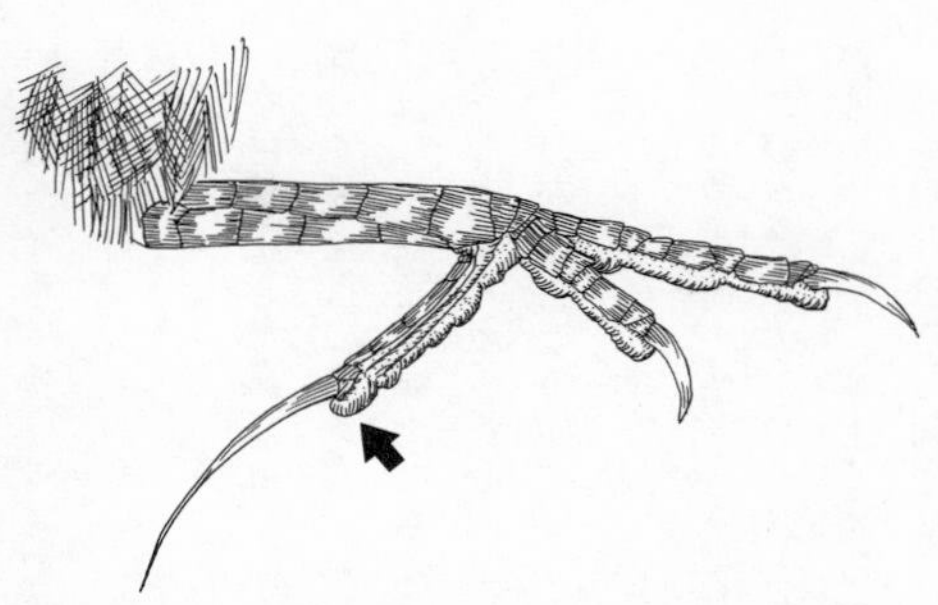

オオバンケンの第一趾(矢印)。爪が不自然に長い。

直系はティラノサウルスを代表とする獣脚類である。獣脚類は地上性だが、その足には趾の対向性は見られない。対向性は鳥類が飛翔生活を送り始めてから手に入れた形質なのだ。

空に進出した鳥類は、樹上で木の枝をつかむ必要が生じた。前向きの趾だけでも、片側から枝を握りこめないわけではないが、対向した第一趾で逆から押さえることができれば、不安定な樹上でも安定感は抜群に向上する。樹上への進出こそが、対向性が進化した理由と考えられるのだ。ニワトリは、樹上生活によって得た第一趾の対向性を、地上での安定性につなげている。しかし、彼らとて本来の使用法を忘れたわけではない。

ニワトリの生活を見ていると、いつも地上を徘徊して食物を探しているようにも見える。しかし彼らも休息や睡眠のためには、止まり木を利用する。地上性鳥類にとっての最大の弱点は、テンやイタチなどの地上性捕食者である。起きているときは可能な限りの警戒をするが、地上で寝るのはあまりにも無防備だ。一人暮らしの女性がマンションの1階を避けるのと同様に、ニワトリを始めとしたキジの仲間も、樹木があれば枝に止まってねぐらを取る。彼らの第一趾は、現在も樹上利用のために活用されているのである。

十鳥十足

ニワトリの足のような前に3本、後ろに1本の4本趾は、三前趾足（さんぜんしそく）と呼ばれる。これ

ペンギンの第一趾は、飾り。

アマツバメ。後ろ向きの趾はない。

は鳥類の典型的な足の形であり、森永さんちのキョロさんにも採用されている。しかし、典型があればバリエーションもあるのが世の常である。

第一趾の対向性が枝をつかむための適応であれば、樹上生活をしない種ではその必要はない。例えば、枝にとまらず垂直な崖にとまるアマツバメでは、4本の趾がすべて前向きの皆前趾足になっている。

樹上を利用せず水上や地上の利用が発達した鳥では、第一趾が退化する傾向がある。水上利用者には水かきが有効だが、後ろ向きの第一趾には水かきが発達しにくい。また地上では、進行方向と逆向きの第一趾の爪は、ブレーキとなってしまうはずだ。このような場合、第一趾はむしろ邪魔な存在になる。

地上や水面で生活するマガモやカルガモでは、退化した第一趾が、中空にしょんぼりとついているのが見られる。干潟を歩き回るチドリや、海鳥であるカモメやミズナギドリでは、さらに痕跡的である。ペンギンでも第一趾は飾りのようなものだ。

大型で地上を走り回るエミューでは、第一趾は消失して趾は3本しかない。ダチョウでは、前向きの趾すら邪魔だったようで、2本趾に減っている。ゆっくり歩くには、趾を広げて接地範囲を広げる方が有利だが、走行をするには趾の本数を減らした方が有利になるのだ。哺乳類でも、走行に高度に適応したウマの仲間では5本の指が癒合して1本にまとまっているが、ダチョウもこれと同じ状況と言える。

ニワトリは確かに地上をよく歩き回る鳥だ。しかし、長距離を走り回るわけではないので、第一趾が存在することによるデメリットは小さいのだろう。彼らの立派な第一趾は、これを持つメリットの方が大きいことを証明している。進化は、メリットとデメリットのバランスの産物なのだ。

逆に、趾の本数が4本より多い鳥もいる。それは、ニワトリの品種として生み出されたウコッケイである。彼らの第一趾は枝分かれしており、5本または6本の趾を持つ。品種改良の過程で突然変異により生じた多趾奇形が、品種として固定されたのだろう。私は、以前6本趾の野生ヒヨドリを捕獲したことがある。こちらも多趾化していたのは第一趾だった。この趾は比較的増えやすいのかもしれない。ちなみにデビルマンの漫画では、妖鳥シレーヌの指が6本になっている箇所があるので、ぜひ探してみてほしい。

趾が前後とも2本ずつになっているキツツキや、4本のうち2本が途中まで癒合しているカワセミなど、他にも足の形には多様な変異がある。鳥は空を飛ぶことが商売だが、実生活では飛んでいない時間の方がはるかに長い。飛ばない時に外部に接する部位は、原則として足だけである。全身を支え運動をサポートするという点で、足は翼と並んで重要な機能を持っているのだ。

鳥類では生活場所や運動方法にあわせて、多様な形態の足が進化してきた。おかげで、足の形からその鳥の生活を推し量ることもできる。モミジは、食肉としては蔑ろにされているが、生態的特徴を雄弁に語る興味深い部位なのだ。

とはいえ、モミジを見直したいのに、出会う機会がないとお嘆きの方もいるだろう。大丈夫、モミジはおいしいダシの源として身近に潜んでいるのだ。ラーメン屋の暖簾の向こうでは、温かいスープの深いコクとなり、きっとあなたを待っている。

＊

さて、このところ下半身に注目してきたわけだが、シンデレラの王子様のごとき足フェチと勘違いされては困る。いや、そもそも大切なのは外見よりも内面だと、一輪のバラを前にベルが語っていた。相馬の古内裏に現れた巨大な骸骨ですらその本質は恋する乙女に過ぎず、優しい心を持っていたかもしれない。滝夜叉姫への鎮魂の祈りを込めて、次章では鳥の内面に切り込んで行こう。

3

一寸の鳥でも五分はホルモン

捨てるトリあれば、拾うガラあり

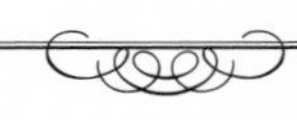

抑えきれない胸の高まり

ヒトの人間性のことをヒトガラと言う。ならば、鳥の鳥類性のことはトリガラと言うべきである。しかし、キッチンに跋扈するトリガラは、鳥の為人(ひととなり)でもなければ浴衣を賑わす千鳥格子でもない。食肉として利用可能な軟部組織を削ぎ落とした鳥の骨格のことである。

一般にトリガラとして販売されている部位は、鳥の胴体部の骨格とこれにまつわる軟部組織である。人間でいえば、首と両腕、両足を無残にも切り落とした残りの部分の骨である。もちろん人間でいわなくとも、同じ部位を切り落とした体の骨だ。体幹部の骨格はひとまとまりにカゴ状の構造を形成しており、内側に心臓や肺、レバーなど、主要な臓器を収納している。

トリガラは、しばしば大きく2つに分けられている。一方は胸骨を中心とした腹側の部位、他方は背骨から骨盤に至る軸を中心として肋骨が付属する背側の部位である。往時は、背骨と胸骨が肋骨を介して接続し、カゴ状の構造を作っていたのだ。

まずは、トリガラの腹側を形成する部位から見てみよう。その中心となっているのは、紛うかたなき胸骨である。人間の胸骨は、ちょうど首の下のネクタイを垂らすあたりの位置に、ネクタイの形をしてこぢんまりと収納されている。その両側には肋骨が接続し、これが体の脇をぐるりと回って背骨まで到達している。しかし、鳥の胸骨はそんな慎み深い小さな物ではない。単独の骨としては、ニワトリの体の中で最も大きく出しゃばっているのが胸骨である。

垂直なサメヒレ的部位が竜骨突起。
頭に乗せたくなる。

鳥の胸骨は、一般に胸に沿った平らな面を持ち、その上に垂直な壁がそそり立つ構造を持っている。ウルトラセブンの必殺武器アイスラッガーが胸についているというか、サメの背びれが背中から刺さって胸まで飛び出してしまったというか、そんな形だ。このアイスラッガーを竜骨突起（りゅうこつとっき）と呼ぶ。この突起は、胸に前向きに出っ張っているため、たいそう邪魔そうに見える。人間にこんな骨があったら、がっぷり四つに組んで相撲を取ることも、リッケンバッカーを奏でることもできない。

　しかし、生きた鳥を見ても特に胸から武器が飛び出している印象はなく、わりに平板な胸をしている。それは、両側に胸肉とささみがつくことで、この竜骨突起を筋肉の下に埋没させているからだ。これらの筋肉が翼を上下させるための力を発生させることは、先の項で述べた通りだ。胸骨が大きいのは翼を動かす大きな筋肉を支えるためであり、竜骨突起は胸筋が付着する、いわば胸の下の力持ち的な立ち位置なのだ。胸筋はこの突起に支えられることで、発生した力を翼に伝えることができるのである。

　飛翔筋を支えているという点で、胸骨の形状は鳥の飛行のシンボルであり、鳥の骨の中で最も鳥らしい部位と言える。なにしろ、竜骨突起を持つ現生脊椎動物は鳥類のみだ。鳥類の中でも、飛ばない鳥の代表的存在であるダチョウやエミューなどではこの突起は退化し消失している。沖縄が誇る飛ばない鳥ヤンバルクイナでも、竜骨突起が小型化していることが知られている。特定の名称を呼ばれることもなく、十把一絡げでトリガラという不名誉な俗称で軽んじられているが、鳥類の空への挑戦を明示するキングオブ鳥骨なのである。

曲げても意外と折れません

一般的な鳥の胸骨は、先に述べた通り、平面の上に竜骨突起が立った構造をしている。

しかし、それを信じてニワトリの胸骨を見てみると、土台となる平面部が単純な平面になっていないことに気付く。爪の骨のような細い骨組みのみが存在し、その間をつなぐ平面部がないのだ。この特殊な形状は、ニワトリを含むキジ目の鳥類の特徴となっている。

骨組みしかない胸骨は、当然のことながら一般の胸骨に比べて強度が低く、標本を作るときに折れやすくて迷惑極まりない。研究者の無用な恨みを買うリスクを顧みず、わざわざこの構造が採用されているのには理由があるはずだ。広く鳥類界を見渡すと、全く別系統のシギダチョウ目でも似た構造が見られることにヒントがありそうである。

ささみの項で触れた通り、シギダチョウ目は、現生鳥類の中で最も古い系統とされている古口蓋類の一員だ。この系統には、ダチョウやエミュー、キーウィなど飛ばない鳥の仲間が群れをなしており、軒並み竜骨突起を消失している。しかし、唯一シギダチョウ目だけは空を飛ぶことができ、竜骨突起を持っているのだ。

系統は違えど、キジ目とシギダチョウ目には共通した行動的特徴がある。長距離飛翔を行わず、逃亡をはかる時などに瞬発的に羽ばたいて短距離をドカンと飛び抜けることだ。

短距離瞬発飛行のためには、一時的に大きな力を発生させて力強く羽ばたく必要がある。骨組みのみで形成された胸骨は、支えとしての機能は低いかもしれないが、板バネ

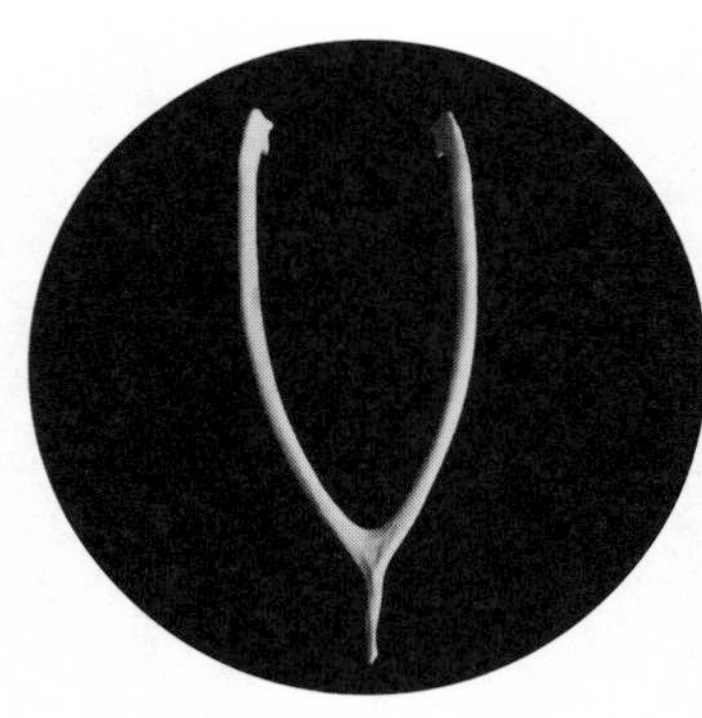

ニワトリの叉骨。2人で左右に引っ張って折り、長い方の願いが叶う。本当はシチメンチョウを使う。

のごとくにたわみやすい。彼らは胸骨自体をたわませることで骨格の弾性をバネ的に利用し、瞬発的に飛翔力を発生させる一助としている可能性がある。一般に骨は硬いものと考えられており、曲げれば折れる印象もある。しかし、鳥の場合は骨の弾性を利用して運動することもあるのだ。

トリガラには、弾力を誇る骨がもう1つ含まれている。それは叉骨である。叉骨は、胸骨の前側に接続したV字型をした骨だ。ビーチでビキニの美女を真面目に観察していると、首と肩の間にわずかな凹みがあり、少し水が溜まっている姿に妙なドキドキ感を覚えることがある。この凹みを作っているのが鎖骨で、左右の2本の鎖骨が癒合しているのが叉骨である。

叉骨は、やはり細くたわみやすい骨である。この骨のV字の底部が胸骨の前端に接続し、両側に広がった先端部は肩に至る。叉骨は鳥が翼を羽ばたかせる動作に合わせて大きくたわむ。この動きは気嚢の役割と連動していると考えられている。

上腕骨の項で、気嚢はラジエータとしての役割を持つことを述べたが、もう1つ、呼吸器官としての役割もある。鳥の体の中には複数の気嚢があり、吸った空気はまず気嚢に入ってから肺に入る。肺で酸素を血液に受け渡し二酸化炭素を受け取った空気は、別の気嚢を通過して呼気として排出される。呼気と吸気が別経路を通ることで混ざりにくくなり、効率良くガス交換ができ、飛行という過酷な運動を実現する一助となっているのだ。飛行時の叉骨のたわみが体内の気嚢を拡大縮小し、空気の循環が促進されるというわけだ。

トリに短し、ケモノに長し

次は背中側のパーツを見てみよう。こちらは背骨から骨盤に連結する柱を中心に、脇に肋骨が伸びる構造となっている。ここで目立つのは背骨、すなわち椎骨だ。頭部が切り落とされた椎骨は、首を支える頸椎（けいつい）、肋骨と関節している胸椎（きょうつい）、腰を支える骨盤、申し訳程度の尾椎（びつい）と連なっている。ここで存在感を際立たせているのは、長い首を構成する頸椎である。

鳥にとって首は重要なパーツだ。手のない彼らにとっては、クチバシこそが物を扱う代替器官となっている。クチバシで巣を編み、クチバシで食べ物を採り、クチバシで羽繕いをする。訓練すれば超絶技巧のラ・カンパネラも夢じゃない。首は、このクチバシを世界各地に送り込むための、伸縮自在の可動アームである。能ある鳥は首を隠し、しばしば折りたたんで羽毛の中に収納している。このため目立たないことも多いが、羽毛を取り除くと意外な長さと存在感を誇っているのだ。そして首の長さに合わせ、数多くの頸椎が内包されている。

哺乳類の頸椎はほとんどの種で7つである。鼻の長いゾウだろうが、耳の長いウサギだろうが、基本的に椎骨の数はそろっているのだ。ホフマンナマケモノでは6つ、ミユビナマケモノでは9つと、なぜだかナマケモノは怠けすぎて例外的な種もいるが、このような例を含めてもせいぜい6〜9個と、比較的安定した数となっている。

一方の鳥類では、ほとんどの種で11個以上の頸椎を持つことが知られている。その数は哺乳類ほど画一化しておらず、種によって大きな変異を持っている。頸椎の少ないものとしては、インコの仲間で9つしか持たない種がいるそうだ。外見的にもインコ類の首はそれほど長くなく、数の少なさも納得が行く。最も数が多いとされているのはオオハクチョウで、25個を誇っている。

しかし、哺乳類でもキリンのように首の長い種がいる。首の長さをかせぐには、1つ1つの頸椎の長さを伸長させる方法と、頸椎の数を増やす方法の2つがある。哺乳類は前者を採用し、鳥類は後者を採用したというわけだ。なにしろ鳥は、クチバシを小器用に使いさまざまな動作を行う。サギのように首をムチのごとくしならせて、遠くの魚を一撃で捕捉するものもある。首をマニピュレータとして活用する鳥にとって柔軟性は不可欠、短い骨を多数重ねて関節を増やすことによって、滑らかな動きを実現しているのである。

首肉については、後の項で改めて主役待遇で取り上げる予定なので、詳細はカヤン族の伝統を見習いながらお待ちいただきたい。

残り物には通好み

トリガラといえばスープが定番、出汁取りが目的で固体部は捨ててしまうという人もいるだろうが、実はそこには可食部が隠されている。せっかくなのでこれらもご賞味いただきたい。

販売されているトリガラは、一般に若鳥のものである。骨の末端が半透明の軟骨となっているのはこのためだ。その中でも特に大きく軟骨部を残しているのは、胸骨の尾側の末端である。ここは土台の平面部と竜骨突起によりベンツマークの断面を保ちつつ、槍先のような形状を成している。きっとこの形

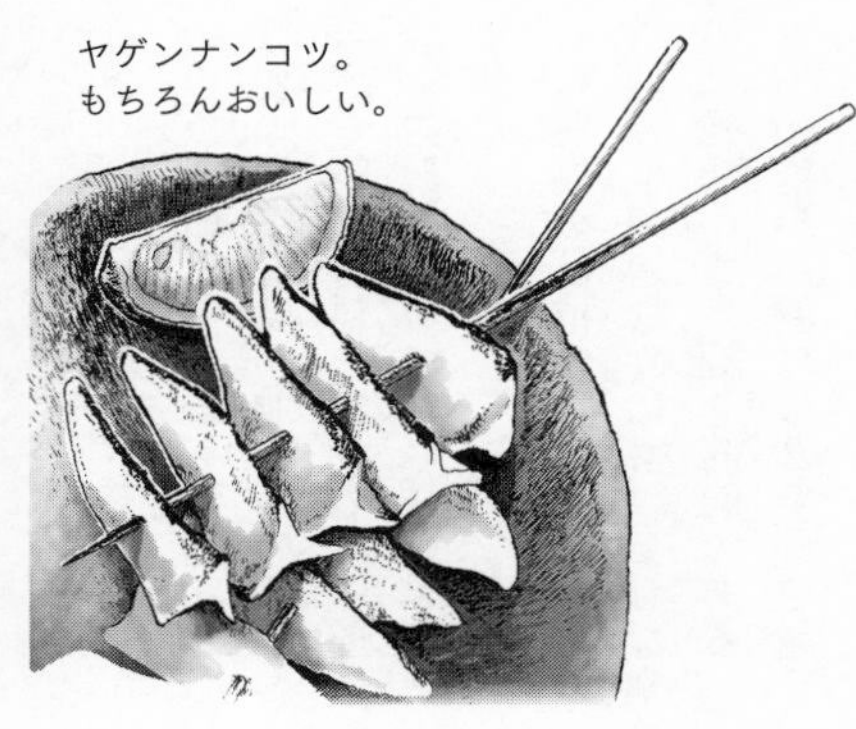

ヤゲンナンコツ。
もちろんおいしい。

には見覚えがあるはずだ。そう、いわゆる薬研（やげん）軟骨だ。

薬研軟骨は、焼き鳥屋に行くと1串に4つも5つも連なっており、スーパーでは山盛りにして安価で販売されている。しかし、胸骨の末端の1カ所のみ、しかも若鳥からしか得られない希少部位である。その1串の背後には、5羽のニワトリが並んでいることを忘れてはならない。なお、薬研とは漢方薬などを調合する時に材料をすりつぶす道具だが、時代の流れとともに、すでに目にすることの少ない器具となっている。もうベンツ軟骨でもいいんじゃないかと思う。

次にトリガラで見られるのは、セセリである。こちらは背側の部位から得られるもので、首の周りの筋肉である。前述の通り、鳥の首は多数の頸椎の連なりによってしなやかな運動を実現しているが、この運動を担保しているのは強靭かつ繊細な筋肉である。関節が多ければ、これに応じて多くの筋肉が必要になり、頸椎の周囲には200を越える筋肉と腱が複雑にまとわりついている。ニワトリは歩くときも採食するときも、セッセとコッコと首を振る。日常的に鍛えられたその筋肉は弾力があり、嚙めば嚙むほど味わい深いのだ。

首から連なる骨盤を裏返してみると、そこには小豆色の器官がへばりついている。いかにも内臓然として若干グロテスクなため、苦手な人は苦手かもしれない。これは鳥の腎臓であり、通称「背肝」と呼ばれている。焼いてもよいが、臭みが気になる人はショウガとともに甘辛く煮付けると、ちょっと通好みで乙なつまみのできあがりだ。

トリガラからそれぞれの部位をとるのは面倒くさい。だからこそこれらのパーツは希少部位として、一部のファンの心に響いている。精肉コーナーの片隅で、自らの価値がわかるご主人様の出現を待っているその姿は、アラジンを待つ魔法のランプのようなものだ。すでにこれらの部位が除去されたトリガラが売られていたら、肉屋の店主と視線を交わし、さすがご主人お目が高いと心の中で会釈することも忘れてはならない。

＊

これにて、骨格と筋肉を中心とする部位についての講釈はほぼ終わり、ついに内臓の縁に手をかけるに至った。鳥肉食べ尽くしツアーのゴールがそろそろ見えてきた。さぁ、次はいよいよホルモンである。明日は明日の太陽がピカピカである。

時には肝を食らう
魔物のように

魍魎の主食は肝だが、この個体は頭を丸かじり。レアな記録だ。
鳥山石燕『今昔画図続百鬼』より。

魍魎まっしぐら

魍魎（もうりょう）は日本およびユーラシア大陸東部の各地で観察記録のある中型哺乳類である。俗に「みずは」とも呼ばれ、広義に河童や水虎を含む水辺の動物全般を示すこともある。一方、狭義には幼児のような体型で長い耳を持つ特定の動物を指している。鳥山石燕著『今昔画図続百鬼』には、この狭義の魍魎は亡者の肝を食べると記述されている。

安達ヶ原の鬼女が生肝を喫食し、河童が生者から尻子玉を抜くことを考えると、生者に手を出さず平和的に死者の肝を食べる魍魎は、これらに比べて無害の野生妖怪と言える。むしろ、掃除屋として界隈の衛生状態を良好に保つ働きを持つと考えてよかろう。街角でカラスが死体をつつき、魍魎が顔を真っ赤に染めているのに出くわすと、確かに気持ちが後ろ向きになる。しかし、彼らのような存在が生態系内で物質を循環させていることもまた事実であり、不可欠な要素と言えよう。

私たちが動物の死体を食べるとき、特上なのはやはりその筋肉部分である。A5ランクの牛肉を注文した結果、A5ランクのレバーやギアラが届けられたら多くの人はガッカリしてしまう。なにしろまず肉がメインで、内臓は残り物的な立場で安価に売買されているのが現実だ。しかし、魍魎が内臓を食べるのは、野生動物として合理的な行動と言ってよいだろう。

肉食だからといって筋肉ばかりを食べていたら栄養が不足するであろうことは、偏食の子供に手を焼く子育て家庭の悩みの1つだ。子供にはお野菜も食べなきゃダメですよと優しく教育を施すことができるが、生態系の頂点に立つ肉食動物に菜食を進言できる命知らずはなかなかいない。このため、肉食動物は対象動物をすっかり丸ごと食べることで、栄養摂取上の問題を解決する。獲物となる動物の個体の体の中には、その個体が生きるのに必要なすべての栄養素が含まれていることは言わずもがなである。このため、個体をまるっと食べればカロリーメイトも恐れ入る完全バランス栄養食となる。微量元素も含めて全ての必須元素を取り入れることができるのだ。

しかし、獲物が大きすぎると丸ごとは物理的に難しい。魍魎が幼児サイズであることを考慮すると、死者の全身を食べるのは容易ではない。このため、肝を選択的に食べるのだと考えられる。魍魎以外の野生動物も、筋肉や脂肪ばかりではなく内臓も好んで食べる。野外で鳥を観察していると、カラスやタカ類が喜び勇んで内臓を食べる場面もしばしば見られる。これは、内臓が多様な栄養素を含むからに他ならない。

肝という言葉は内臓全般を示すこともあるが、ここでは特にその文字の表すところの肝臓、すなわちレバーに注目しよう。独特の臭みと食感が子供受けせず、これはお肉だよと騙されながら食べさせられて、トラウマを植えつけられることは大人になるための通過儀礼の1つだ。しかし、これを食べさせるのには栄養学的な意味がある。

文部科学省が提供する食品成分データベースを紐解くと、鳥レバーにはさまざまな栄養が含まれていることがわかる。同重量の胸肉と比べると、肝臓には鉄やビタミンB_2なら20倍、マンガンでは30倍、ビタミンAや葉酸にいたっては200倍も含まれている。魍魎が脇目も振らず貪るのも当然と言える栄養食品だ。

それではまるで信号機

ニワトリのレバーは、胸骨に守られる形で胸郭に収納されている。胸骨の真下で他の内臓の上にペロンと横たわっているため、解剖時に最初に出会う内臓である。ニワトリでも人間でも、肝臓は内臓の中で最も大きな器官だ。鳥の肝臓は左右の2葉に大きく分かれており、肉屋でもしばしば2葉のレバーが房状につながった姿で販売されている。この2枚は左右対称ではなく、体内で重なるように収納されている。多くの動物は外見的には左右対称だが、内臓はさまざまな部位で非対称なのだ。左右の2枚の大きさも異なり、右葉は左葉に比べてずいぶんと大きいので、調理時には是非とも確認していただきたい。

レバーを調理していると、稀に緑色のシミのようなものを見かけることがある。血液が緑色の生物なんて、身の回りにはホヤと火星人ぐらいしかいないため、なんだか不気味な気がするかもしれない。しかし、これは胆汁の色なのであまり責めないであげてほしい。鳥の胆汁はビリベルジンという緑色の色素を含むのだが、精肉時にこの色素がついてしまいシミができることがあるのだ。ただし、セキセイインコや一部のハトでは胆嚢がないので、ハトレバ炒めの時は安心してもらいたい。

肝臓は胆汁を生産し、これを肝臓のすぐ脇にある胆嚢に格納している。胆汁は、特に脂肪を消化するときに作用するアルカリ性の液体である。脂肪の中でも、長鎖の飽和脂肪酸で構成されているワックス成分は消化しにくく、多くの鳥は利用することができない。たとえば、ヤマモモの仲間では果実がワックスでコーティングされているものがある。しかし、キヅタアメリカムシクイなどの一部の鳥は、胆嚢や腸管内に高濃度の胆汁酸塩を維持しているため、時間をかけて消化することができる。胆汁は、食物を利用する上で特別な役割を果たしているのだ。

実はこの胆汁の色素に出会うことは、あまり珍しくない。鳥の排泄物を見ると、その中に緑色の部分が見受けられることがある。これもビリベルジンに由来する色である。ビリベルジンは、赤色色素の代表的存在であるヘモグロビンが分解されて生じるものだ。生理的な作用はよく知らないが、赤色の色素がその補色である緑色になるなんて、生物の体は不思議なものである。また、人間の胆汁色素の代表的なものは、ビリベルジンから生成されるビリルビンで、こちらは黄色をしている。赤から緑、緑から黄色になるなんて、交通整理のお巡りさんにぜひ教えてあげたいところだ。

魚を調理していて、腹の部分に黄色いシミがあり苦味を感じた経験があるかもしれない。これも同じく胆汁である。内臓を取り除くときに胆汁が溢れることもあるし、内臓が入ったまま時間が経過して胆汁が胆嚢から染み出してしまうこともある。鳥でも魚でも消化液であるため、食べても特に害はないが、苦味があるのでここは取り除くのがよいだろう。

なにはともあれ、次に鳥の排泄物を見る機会があったら、その色を確かめて、レバーの存在と機能を実感してほしい。

アンチダイエット宣言

レバーが大きな臓器であることは先述の通りである。この器官はその物理的存在感と同様に、機能的にも大きな役割を果たしている。胆汁を分泌することは、多数ある機能の一角にすぎない。肝臓なんてどうせアルコールを分解するだけだろうと見くびっている方もいるかもしれないが、実際にはそれ以外にも多くの機能を持っている。そもそも鳥はアルコールを飲まないので、そんな機能は発揮されていないはずだ。

毒成分を分解する。コレステロールを生産する。血中の糖分濃度を調整する。脂質やタンパク質を分解する。有害なアンモニアを分解して無害な尿素を生成する。タンパク質の一種であるアルブミンを合成する。私も以前はざらりとした舌触りでなんだか頼りない組織だなぁと思っていたが、彼らは体内で八面六臂な活躍をしているのだ。だからこそ、禁酒中の鳥類の体内でも大きな顔をしているのである。

現代人にとって肝臓脂肪は目の敵となっているが、鳥類にとっては脂肪を蓄積することもレバーの大切な機能の1つと言ってよいだろう。ビールを飲んでマッサージされちゃう高級黒毛和牛とは違い、野生動物の筋肉の中に蓄積される脂肪の量はたかがしれている。彼らは主に、皮下と内臓周辺に脂肪を蓄積する。内臓の中でも肝臓は器官の内部にも脂肪を蓄積しやすく、燃料タンクの1つとなっている。

飛行が重力との戦いであることはこれまでに繰り返し述べてきた。鳥類にとって、体の中に脂肪を蓄積することは、予備のエネルギーを確保するという意味で生存率の上昇に寄与するだろう。一方で脂肪の分だけ体重が増加すれば、移動時に消費するエネルギーも増加することになる。無闇に体重を増やすと機動性が低下し、捕食者に襲われるリスクも増加するはずだ。このため、脂肪を蓄積し過ぎることは必ずしも利益にはならない。実際に通常時の小鳥では、脂肪は体重の3~5%ほどしかない。もちろん、自由自在に脂肪蓄積を増加させることができるほど、環境条件がよくない場合も多いだろう。いずれにせよ、平時に鳥が蓄えている脂肪はそれほど多くない。

冬は鳥類が脂肪を蓄積するタイミングだ。人間にとってもそうだが、冬は動物にとって厳しい季節だ。多くの内温動物は体温を保っていないと寒くて寒くて気が弱くなってしまう。このため、気温の高い時期に比べて冬には体温維持のためのエネルギーが過剰に必要になる。温暖な季節であれば、多少の気温の変化があろうとも、おヘソを出したまま寝ていても死ぬことはない。しかし厳しい冬には、ちょっとした気温低下でも死を招くことになる。ギリギリの蓄積で生活することは死のリスクを背負うことになるため、いささか体が重くなろうとも余分に脂肪を蓄える利益が大きくなるのである。

渡りに挑む時も脂肪を蓄積する。鳥は、渡りの途中では飲まず食わずで過ごし長距離を飛翔することがある。このため、脂肪を蓄積し肝臓を大きく肥大させて渡りに臨むのだ。場合によっては肝臓のサイズが通常の1・5倍にもなる。渡りに必要な飛行運動の邪魔になるような場所に脂肪をつけるわけにはいかないため、内臓での蓄積が促されやすいのかもしれない。お弁当を体内に抱えて移動するわけだから、これぐらいはやむを得ない体重増加と言えよう。

フォアグラは、鳥が肝臓に脂肪を蓄積することを利用して生み出された高級食材だ。その飼育方法はしばしば非難の的となるが、少なくとも鳥レバーの役割を理解する上では教材の1つとなるだろう。もちろん我が家の食卓にそんなものが並んだことはなく、ついぞ目にしたことがないという点では魍魎と変わらぬ存在に過ぎない。本当は、執筆用資料と偽って奮発し、この原稿に花を添えたかったのだが、現実は厳しかった。

一般に内臓は、筋肉に比べて格下の扱いを受けながら販売されている。筋肉は時間が経つと熟成が進みおいしくなるのに対して、内臓は傷みが早く時間とともに質が低下することが最大の原因だろう。レバーはその最たるものである。筋肉が広く流通する一方で、内臓は産地近辺で消費されることが多いが、決して不味くて流通価値がないためではないのだ。

昨今は流通網も保存技術も発達し、各地でおいしく内臓を食べることができるようになった。とはいえ、内臓はやはり新鮮なものを産地で食べるのが上等である。遠路はるばる運ばれてきた熟成超高級肉よりも、新鮮なレバーを食べられることの方がよほど贅沢なのだと心得たい。

＊

さて、気の利いた肝臓専門店で鳥レバーを買うと、真ん中あたりに親指の先ほどの赤い器官がぶら下がっている。これは鳥の心臓、ハツである。セット販売の片割れを取り上げた以上、次はハツを扱わねば不公平である。

しかし、ハツにしろレバーにしろタンにしろ、ホルモン系には英語名に起源を持つ部位が多い。その理由を調べることを次項までの宿題にしておきたい。万が一この課題が解決できなければ、罰として廊下でバケツを持ちながら原稿を執筆することをお約束しよう。

心広ければ体胖なり

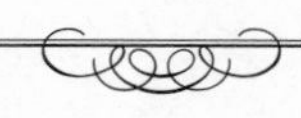

沙翁の喜劇の悲劇

すっかり勘違いしていた。高利貸しのシャイロックが要求したのは、心臓の肉1ポンドだと思い込んでいた。あらためて『ヴェニスの商人』を読み直してみると、心臓そのものではなく心臓すれすれの肉1ポンドだった。さすがに心臓を要求したら殺人予備罪で起訴されても文句が言えなくなるため、周到にこのような要求をしたのだろう。

そもそも、人間の心臓の肉は重さ約300gとされている。1ポンドは約450gであるから、普通の体格の人間から心臓の肉1ポンドを採ることはかなりのサバ読みをしないことには難しいのである。シェイクスピアを読んだとき、未熟だった私はこの点に気づかぬままに間違った記憶を脳に刷り込んでいたのだ。与えられたデータを鵜呑みにせず信憑性を検討することと、原典にあたって文献を確認するのは研究者の基本である。初心を思い出させてくれたシャイロックには心の底から感謝している。

震えるハート

ヒトの心臓の構造が2心房2心室であることは、多くの人が学生時代に習っている。体内を循環し二酸化炭素を多く含んだ血液は、右心房から右心室を経由して肺へと到る。肺で酸素を取り込んだ血液は、左心房から左心室を経由して全身へと行き渡る。心臓は、全身の血液を循環させるためのポンプとしての役割を持っている。

ヒトの心臓の右半分と左半分は隔壁により完全に隔てられており、心房と心室の間には逆流防止用の弁がある。この構造を採ることにより、酸素の多い血液と二酸化炭素の多い血液が混じりあわないようになっているのだ。2つのふいごをくっつけたようなものだと思ってもらえればよかろう。ちなみに伝統的な製鉄において足で踏むふいごを「たたら」と呼び、これが「地団駄」の由来となっているそうだ。次に地団駄を踏むチャンスがあれば、それはとりもなおさず心臓の働きを思い出すチャンスでもある。

さて、この2心房2心室構造は、ヒトを含む哺乳類の特徴となっている。哺乳類は両生類から進化した単弓類の系統の1つと考えられているが、両生類は2心房1心室だ。さらに祖先にさかのぼった魚類では、多くの種が1心房1心室となっている。水中生活を行う鰓（えら）呼吸の魚類から、水陸両用で鰓・皮膚・肺呼吸をする両生類を経て、陸上に適応した肺呼吸の哺乳類になる。環境の変化に合わせて呼吸器官を変化させ、より効率がよい複雑な構造を進化させてきたのだ。

一方で、鳥類もヒトと同じく2心房2心室の心臓を持っている。こちらは系統的には爬虫類から進化してきているが、カメやトカゲ、ヘビでは2心房1心室の構造を持っている。つまり、鳥類の心臓は構造的にはヒトに似ているが、別の系統で独自に獲得したものなのである。

陸上脊椎動物の共通の祖先である魚類の1心房1心室は単純な循環系だ。心臓→鰓→体→心臓で1周である。一方の2心房2心室系では、心臓→肺→心臓→体→心臓で1周である。つまり、1周する間に2回ポンプを通過しているのだ。なんとなくターボエンジンのようなターボ心臓となっているのである。まぁ正確にはターボとは違う気もするが、些細なことを気にしないのが長生きの秘訣である。

心臓アラカルト

心臓を撃ち抜かれると、懐に偶然1ドル銀貨でも入っていない限り死に至る。血液の循環は体の維持に不可欠であり、心臓はそのための必須器官である。オズのかかしだって、その大切さを力説していた。心臓は不随意筋であるため、毎日毎日働かされてもイヤになっちゃって海に還ったりすることはない。そんなふうに休みなく働いているものだから、よく鍛えられて歯ごたえのよい食肉となっている。

肉屋ではハツという名称で心臓の肉が売られている。一般に購入することができるのはウシ、ブタ、ニワトリのハツぐらいのものだろう。しかし地域によっては、熊本のウマや信州のヤギ、三陸地方のサメ、高知のカツオなどのハツにも出会うこともある。いずれも心地よい弾力と旨味を感じられるのでお勧めだが、食中毒が怖いので生食は避けたいところだ。

哺乳類の心臓は、販売されるときは大抵丸ママではなく、きれいに切られた状態となっている。心臓がゴロリと売られていると、ホラーな雰囲気が漂って夕食時にクレームがつくのかもしれない。その点、鳥のハツは小さく可愛くグロテスクさが少ないためか完品で販売されているので、心臓の構造を把握するのにもってこいだ。系統的に哺乳類と異なるとはいえ、構造的には共通点もあるので、焼き串を打つ前にしばしその形態を愉しんでおきたい。

鳥のハツを横に切断すると、その断面からは右心室と左心室の2つの部屋があるのがわかるはずだ。このうち、中央に近く分厚い筋肉に囲まれているのが左心室である。右心室は近くにある肺まで血液を送るだけなので筋肉が薄いが、全身への循環を司る左心室は筋肉が発達しているのである。

ハツの上部には、いくつかの白いチューブがピロピロしている。これは大動脈と肺動脈である。動脈は心臓から血液を送り出すパイプなので、高い圧力がかかる。この高圧を支えるためしっかりとした丈夫なパイプになっている。あまりにしっかりとしているため、料理の時は下ごしらえでこの部位を切り取ることもある。しかし、ここをコリコリと味わうことで、動脈のありがたさに敬意を表すのが研究者の務めだ。

身近に観察することができる心臓は他にもある。それは魚の心臓だ。イワシだろうがイナダだろうが、ちょっと気の利いた鮮魚コーナーに行けば丸の魚を購入することができる。その場で調理を頼むのではなく、たまには自宅で内臓をとってみよう。

魚の内臓をまとめてとると、かたまりの前端あたりにアポロ11号の司令船のような形の真っ赤な器官を見ることができる。これこそが魚の心臓である。まぁ、鳥のハツと同じような形だ。こちらは断面を切ると、心室が1つしかないことがわかるはずだ。もちろん魚の心臓も鳥ハツ同様に潔い弾力を提供してくれる。じっくりと構造を見た後は軽くあぶってご賞味いただきたい。特にサケぐらいになるとハツもそこそこの大きさなので、串を打って美味しくいただける。北海道標津町のあきあじ祭りでいただいたサケの肝串は絶品で

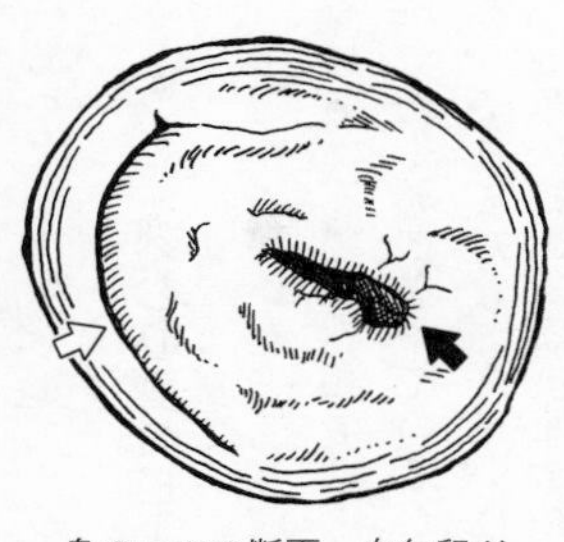

鳥のハツの断面。白矢印が右心室で黒矢印が左心室。

あった。

刻む心臓のビート

冒頭に書いたとおり、人間の心臓は成人で300g程度だ。これは体重の約0・5％にあたる。哺乳類では、ウマやウサギなど何だか運動量の大きそうな逃げ回る系の動物で約1％となっているが、多くの種では0・3〜0・8％程度だ。

これに対して鳥類では、多くの種の心臓が体重比で1〜1・5％を占める。鳥類は飛行で多くの酸素を消費するため、大量の血液を高速で送り出さなくてはならず、ポンプも大型化されているのだ。相変わらず空を飛ぶために過酷な運動を強いられていることが窺われる。

一般に体が小さいほど心臓の占める割合は大きく、カモでは1％程度だが、ハトやスズメでは1・5％ほどとなっている。さらに、飛翔時の羽ばたき速度で宇宙一を誇るハチドリでは2・4％、非常に大きなポンプを抱えていると言えよう。

ただし、長距離飛翔を行わないニワトリでは0・6％、キジでは0・5％に過ぎず、哺乳類とさほど変わらない数字である。ここからも、飛翔が心臓にかける負担を推し量ることができようというものだ。なお、高緯度や高山では心臓が大型化する傾向があるそうだが、これは寒い地域で体温を保つための適応ということだろう。

長距離を飛ぶ渡り鳥にとって、心臓の役割は特に重要となる。ハジロカイツブリは、渡りの前に効率よく栄養を蓄積するため、消化器官を約2倍まで肥大化させる。しかし、渡り直前には絶食して消化器官を約3分の1の重量に減らし、足の筋肉も縮小させる。その一方で、心臓は縮小させずむしろ直前に肥大化させる傾向があるのだ。渡り鳥のハツを食べるなら、この時期が最適である。

一方でオバシギという鳥では、約5400㎞の渡りの前後で心臓のサイズが80％程度にまで縮小することが報告されている。長期にわたる運動に必要なエネルギーを得るため、心臓の筋肉まで分解しているのである。渡りは、心臓を含む体の構造の大規模な改造を要する過酷な運動なのだ。ただし、渡りの後半には体重も激減して積荷が軽くなっているため、出力の低下による支障は大きくないのだろう。寒い冬を避けて南国に旅する姿はうらやましくも思えるが、準備も道中も楽なものではなさそうだ。

飛翔に要するエネルギーの大きさは、ポンプのサイズだけでなく燃料にも反映されている。ヒトの血液では血糖値は約60～100mg／dℓだが、鳥類では概ね150～350mg／dℓとなっている。魚類では低血糖のものも多く、アンコウでは5mg／dℓということもあるらしい。

魚類では血糖値の低さだけでなく、心臓の小ささも際立っている。心臓は体重の0・1～0・3％程度なので、哺乳類の3分の1、鳥の5分の1といったところだ。小さな心臓で苦労しているというわけではなく、水中ではこれが最適化されたサイズなのだろう。そんな水棲動物が進化とともに陸上や空中に進出するため、大きな心臓と大きなエネルギーが必要だったのだ。キッチンで魚の心臓の小ささを実見することで、陸上動物の高スペックで大型な心臓を改めて実感できるようになる。

人魚姫は人間の脚を得た後も、歩くたびに刺すような痛みを感じたという。彼女の心臓はもちろん1心房1心室である。体が大きいほど心臓の割合は小さくなるため、心臓は体重のわずか0・1%程度のサイズと予想される。陸上で活動するには心臓があまりにも小型であったため、血液の循環が悪くなり末梢神経に障害を来していたのである。人魚姫ももう少し解剖学の勉強をしていれば、幸せになれたはずだ。次回はちゃんと魔女に心臓のパワーアップも併せてお願いするとよい。

脊椎動物は水中で生まれ、内臓の機能や構造まで変更しながら、陸に空にと環境の異なる世界に進出した。それは一朝一夕になされたものではなく、億年単位の時間をかけた進化の結果なのである。美人でセレブだからといって、環境の変化をなめてかかったから、お姫様はあの体たらくだったのだ。人魚姫の寓話には、表面的な成果物を即時的に求めるのではなく、ゆっくり着実に足場を固めていくことが大切なのだという教訓が隠されている。

＊

しかし、かわいそうなのはシャイロックである。確かに悪徳高利貸しだったかもしれないが、それと借金は別の話だ。結局彼は借金を踏み倒され、元金すら返してもらえない。どう考えても盗っ人猛々しい限りである。そもそも返せなかったのは借りた側の問題だ。代償の「心臓すれすれの肉1ポンド」は債務者自身が耳を揃えて差し出すべきであり、被害者である彼が手を汚す必要はない。

そんなシャイロックに哀憐の意を表し、次は「心臓すれすれの肉」についてお話ししたい。鳥の心臓は胸骨の下にあり、他の内臓に囲まれている。近傍の筋肉といえば、それは砂肝すなわち筋胃(きんい)に他ならない。これでシャイロックも成仏できるだろう。

胃は口ほどにモノを噛む

インプラントは要りません

「痛かったら手を挙げてくださいね」

麻酔が効いているので痛くはない。問題はそこじゃない。痛いことではなく、怖いことこそが問題なのだ。

親不知を抜歯することになった私は、雨上がりの捨て犬のようにプルプルと震えていた。私は人体改造的行為にとことん弱く、歯医者とショッカーは大の苦手である。コンタクトレンズすら入れられないチキン野郎だと白状しよう。

とはいえ、本当のチキンは抜歯におびえて震えたりすることはない。何しろ、ニワトリをはじめとして現生鳥類は歯を持っていないのだからおびえようがない。

おかげで彼らは忍び寄る親不知の恐怖を味わわずにすむだけじゃなく、歯磨きも不要だし、ささみが歯に挟まることもない。いいこと尽くめだ。ただしそれと引き替えに彼らが失ったものもある。それは、咀嚼の機能だ。

よく噛んで食べなさいという美人ママのお叱りを尻目に、鳥たちは食べ物を丸呑みにする。タカのようにくちばしで肉を切り裂いたり、イカルのように種子を割ったりすることもあるが、基本は丸呑みだ。何しろ歯がなくて噛むことができないのだからしょうがない。しかし、それではいかにも消化に悪そうである。

にもかかわらず、鳥たちがいちいち胃もたれになっているわけではない。それは、彼らが口の代わりに胃袋で咀嚼しているからだ。鳥は筋肉に覆われた堅牢な胃を持っている。一般に「砂肝」と呼ばれる部位で、そのコリコリとした歯触りで食通たちを喜ばせている。歯を持たない鳥たちは、歯の機能を内臓で補うことによって消化を助けているのである。

このような器官は人間には存在せず、4つの胃を持つウシですらこれほどにマッチョな胃は持たない。砂肝は鳥に特有の消化器官なのだ。

風が吹くと焼鳥屋が儲かる

鳥類は恐竜から進化してきたことは繰り返し述べている。恐竜の中でも、立派な歯をずらりとそろえた獣脚類を直接の祖先としている。ティラノサウルスやヴェロキラプトルなどの悪人顔恐竜の仲間だ。鳥類はこのグループから約1億5000万年前に生まれた。初期の鳥類は祖先の形質を色濃く受け継いでおり、恐竜のような立派な歯を持っていたことが知られている。シソチョウの化石を見ると、確かに爬虫類のような細かい歯が並んでいる。そして約1億1600万年前に、鳥たちの歯は消失した。

確かに抜歯の恐怖はこらえがたいが、だからといって歯がもともとないというのも心許ない。鳥の祖先だって、必要だからこそ歯を備えていたはずだ。それを消失するには相応の理由がないと納得がいかない。

鳥に歯がないのは軽量化のためと言われることがある。しかしこれに諸手を挙げては賛成しかねる。鳥は歯とともに喪失した咀嚼機能を補うため、大きな砂肝を装備するに至ったと考えられる。ゴロリと肉感的なニワトリの砂肝は、場合によっては頭部と同じぐらいの大きさがある。これでは歯の喪失による減量効果を打ち消してあまりある存在感を持ち、ダイエットになっていない。

では、歯の喪失の代償に鳥たちが得たものはなんだろうか。それは、マスの集中化とくちばしである。前者については、モモ肉の項で概説しているのでここでは割愛し、くちばしに注目したい。

鳥は飛翔のために歯以外にも大切なものを失っている。それは手の器用さだ。人間はお米に字を書けるが、鳥にはできない。これは、手先が不器用だからだ。彼らは空気抵抗の少ない空力学的に優れた翼と引き替えに、手の指をなくしてしまった。指は食物を扱ったり巣を編んだりするために不可欠な器官だったはずだ。この便利な道具を失うのであれば、当然それに代わる道具が必要となったはずだ。それがくちばしだったのかもしれない。

確かに歯のある口は鳥にとって有用な器官だったはずだが、そのままではトゲのあるペンチのようなもので、指の代替器官としての器用さは不十分だろう。しかし、しなやかなピンセットのごとき精緻な動きを実現するくちばしがあれば、指の消失とともに失われた機能を補うことができただろう。そう考えると、歯のある口に対して歯のないくちばしに、進化的な軍配が上がったとしてもおかしくない。結果的にくちばしを持つ鳥が進化しているのだから、その機能性の高さは疑うべくもない。

つまり、焼鳥屋で砂肝に舌鼓を打てるのは鳥に歯がないためで、歯がないのはくちばしがあるためで、くちばしがあるのは指がないためで、指がないのは空を飛ぶためと考えられるのである。ではなぜ空を飛ぶのかというと、それは鳥類が出現した1億5000万年前の世界は恐竜に支配されており、地上にいると肉食恐竜に襲われやすかったからだと推察される。肉食恐竜がイモータン・ジョー的に地上を牛耳っていたからこそ、鳥たちは捕食圧から逃れるために風に乗って空を飛びはじめ、それが結果的に焼鳥屋のメニューを増やすに至ったのだと予想されるのだ。

現生鳥類は二度腹でこなす

鳥に食べられた食物は食道を通って胃に至る。人間の場合には胃は1つしかないが、鳥の場合は腺胃(せんい)と筋胃(きんい)の2つの胃袋を持っている。筋胃とはすなわち砂肝のことであり、腺胃は消化液によって食物の分解を進める器官で、人間の胃袋と同等の機能を持っていると考えてよい。

哺乳類の胃酸は概ねpH3〜6の間にある。一般に肉食や腐肉食の動物では酸性が強く、肉食のイヌやネコではpH3〜5の間、腐肉食哺乳類のポッサムではpH1・5ほどである。人間の胃酸はpHが約1・5となっており、哺乳類の中ではかなり酸性が強い方だ。人間は腐肉食から進化したのではないかと言われることがあるが、酸性度の高い胃酸はその根拠の1つとなっている。

一方で鳥類の胃酸のpHは概ね1〜3の間にある。肉食のフクロウやタカ、腐肉食のカラスやハゲワシなどではpH1・1〜1・3だ。鳥の胃液は哺乳類に比べて酸性が強いことがわかる。ちなみに腐肉食者ほど酸性が強いのは、有害な細菌を殺すための適応と考えられている。

鳥の胃酸は強酸性に裏打ちされた、高い消化能力を持っている。この優れた消化能は、飛ぶために必要なエネルギー要求に応える効率的な摂取を可能にするものであり、また素早い消化による軽量化にも役立っている。ただし、鳥は獣毛や硬い骨、甲殻類や昆虫の外骨格など消化しづらいものを塊にして口から吐くこともある。これをペリットと呼び、タカやサギ、モズなど多くの鳥が排出する。彼らはあの手この手で軽量化を図っている。

筋胃は筋肉の塊でできた胃袋である。砂肝を食べたことのある人なら説明はいらないだろうが、胃の外壁と内壁のあいだに多量の筋肉を維持しており、その筋肉の力で胃の内部の食物を砕く。砂肝は硬くて苦手という人もいるかもしれないが、その硬さこそが機能の証なのだ。

人間が食物を食べる場合は、口の中で物理的に破壊してから胃内の消化液で化学的に消化する。鳥の場合は腺胃が先で筋胃が後なので、順番が逆になっている。破壊してから溶かした方が効率がよいような気がするが、そうなっていない理由はよく知らない。

鳥は哺乳類に比べて口内の味蕾の数が少なく、味覚があまり発達していないと言われる。哺乳類にとって口は第一の消化器官である。咀嚼により破砕された食物は唾液と混ざり消化が始まる。一方の鳥の場合は丸呑みなので、口はどちらかというと玄関の役割を果たしている。ゆっくりと味わっている暇はなく、味覚が発達していなくて当然といえば当然である。

とはいえ味覚がないわけではない。たとえば果実食の鳥は、酸味や苦みのある未熟な果実は避け、甘く熟した果実を好むことが知られている。酸味は食物の鮮度、苦味は毒の有無、甘みは糖分の量を示す指標であると考えられ、いずれも生きるために不可欠な知覚だ。味蕾が少ないからといって味覚がないというわけではない。それぞれの鳥類は、自らが利用する食物に対しては、必要にして十分な味覚を進化させていると考えるのが合理的だろう。

鍛えれば全身バネになる

筋胃の発達の具合は種によって異なっている。魚食を発達させているウやミズナギドリの仲間、花蜜食に特化しているハチドリ類などでは、食物を物理的に破砕する必要性は小さい。このような種では筋胃のサイズは小さく、その筋肉も相応に薄い。

一方で筋胃のサイズが大きいのは、種子や貝などの硬い食物を丸呑みする動物である。植物は鳥に果肉を差し出すかわりに種子を運んでもらうことで、受動的な移動を試みている。このため種子は、鳥に食べられても破壊されないほどの強度を持つ。しかし、種子食の鳥たちは無慈悲な殺戮者だ。植物が丹念に鍛え上げた種皮であっても、スタローンな筋胃で易々と破壊してしまう。ハトやアトリの仲間は代表的な種子食者であり、発達した筋胃を持つ。食用砂肝の主であるニワトリも種子をよく食べる鳥だ。

カモ類も筋胃が発達したグループの1つである。貝をよく食べるキンクロハジロは大

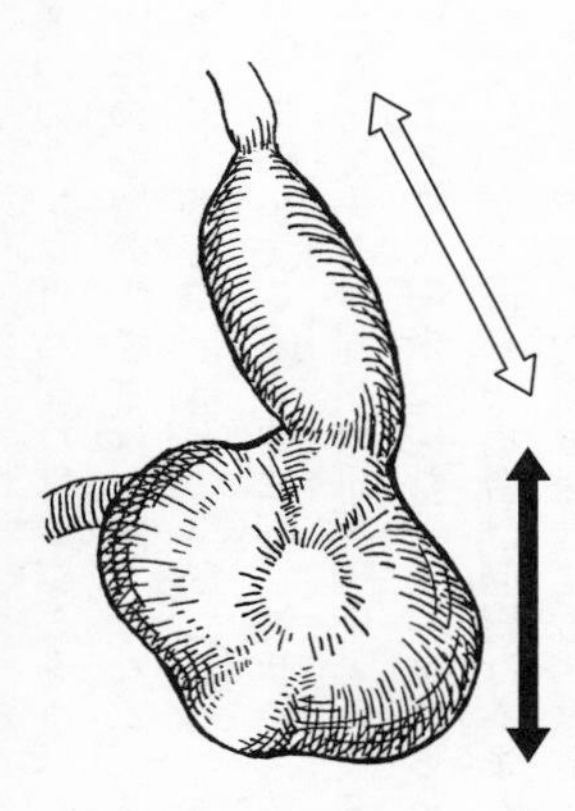

キジバトの腺胃(白矢印)と筋胃(黒矢印)。

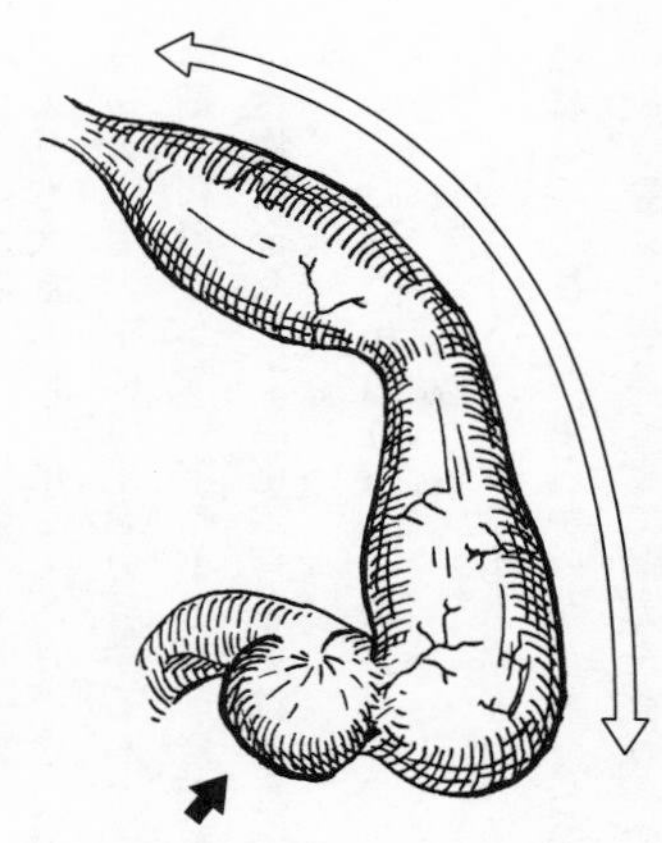

魚食のアナドリでは腺胃(白矢印)が発達し、筋胃(黒矢印)は痕跡的。

きな砂肝を持つが、そのサイズは集団によって異なっていることが知られている。

宍道湖は、有史以前に八束水臣津野命(やつかみずおみつののみこと)がどこぞから島根半島を運んできて作った汽水湖である。ここは毎年4万羽ものカモが飛来する一大越冬地だが、その半数はキンクロハジロで占められている。また、宍道湖に連結する中海にも多くのキンクロハジロが飛来する。

彼らは越冬のため日本を訪れるが、宍道湖で越冬する個体の筋胃は中海の個体に比べて約2倍の重さがあるという報告がある。宍道湖は漁獲量日本一を誇るヤマトシジミの一大産地だが、シジミは中海に多産するホトトギスガイに比べて殻が硬いことが特徴だ。宍道湖のキンクロハジロはシジミを食べるために筋胃が発達しているのである。

鳥の筋胃の大きさは一定ではなく、その時々の食性や行動に合わせて変化し、場合によっては10日で倍ほどの重さになることもある。逆に食物を摂取しない渡りの時期には急速に縮小する。必要に応じてサイズを変える芸当は、歯とは違う軟部組織ゆえに可能なことであり、見事な飛翔適応と言える。

ところで、南米に住むツメバケイという鳥は、一般に消化しづらい硬い樹木の葉を食べているが、彼らの場合は筋胃はあまり発達していない。鳥の食道には嗉嚢（そのう）という袋があり、一時的に食物を保管するスペースとなっている。ツメバケイの場合はこの嗉嚢が胃よりも大きく肥大化しており、ここで木の葉を消化していることが知られている。実はこの嗉嚢の中には葉を分解するバクテリアが共生しており、そのおかげでこの鳥は他の鳥が利用できない木の葉という資源を活用できているのだ。特殊事例ではあるが、鳥は食物に合わせて消化器官をそれぞれに発達させているのである。

石にかじりついてでも

ジャッキー・チェンでもなければ、クルミを1つ手に握って握力で割るのは難しい。これは手のひらが柔らかいからだ。しかし、手の中に2つのクルミを握り込めば、互いの硬さをぶつけることで一方を割りやすくなる。

いかに筋肉質な胃袋といえども、その力だけで硬い種子を割るのは難しい。そこで活躍するのは、砂肝のゴッドファーザーとも言える砂粒である。

種子など硬い食物を食べる鳥は、わざわざ小石や砂を飲み込むことが知られている。これらの小石は胃石と呼ばれ、砂肝の中に蓄えられる。胃石を筋胃の中でゴリゴリと食物にぶつけることにより、鳥は効率よく食物を破砕することができる。胃石はニワトリからダチョウまで、多くの鳥が利用する汎用性の高いアイテムだ。

胃石の大きさはさまざまだが、ダチョウでは直径10cmを越えることもある。ニュージーランドで絶滅したジャイアントモアは世界で最ものっぽな鳥として知られるが、彼らの化石からは5kgもある巨大な胃石も見つかっている。

ブッポウソウは仏法僧の名を持つ霊験あらたかな鳥だ。彼らは雛を育てるときに、カタツムリの殻や金属片などを餌と一緒に与える。人間が同じことをやったら虐待で児童相談所に連絡が行きそうな行状だが、ブッポウソウの場合はこれもまた愛情表現

ブッポウソウなりの愛情。

の1つだ。

ブッポウソウは硬い外骨格を持つ甲虫などを好むため、胃石として金属片などを食べるのだ。昭和の時代にはよく缶ジュースのプルタブを利用することが知られていたが、いつのまにやらプルタブは缶から外れなくなってしまった。きっとブッポウソウも困っているに違いない。

一般に鳥類が道具を使用することは珍しく、カレドニアガラスが枝で虫を捕ったりサゴイが疑似餌で魚をおびき寄せたりするような、少数の例が知られているだけだ。しかし、胃石は積極的に摂取しているものなので、これもまた立派な道具使用のようなものだ。ラッコがお気に入りの石でホタテ貝を割って食べているのと同じ行為である。石をしまう場所が胃の中か脇の下かの違いはあるものの、押してダメなら割ってみる積極的な採食方法なのだ。

＊

さて、人間と鳥の共通点の1つは、視覚的なコミュニケーションのために外見を発達させていることだ。しかしそこには明確な相違点がある。鳥は羽毛で着飾るため、容易に着脱できないが、人間は衣服に頼るため外見の着脱が可能だという点だ。おかげで海辺に行くと小麦色のマーメイドたちが大いに肌を露出し、実にけしからん限りだが、あれは砂浜に対する保護色に違いない。かえって捕食者を誘引する場合もあるような気もするが、私も誤認逮捕されないように、熱心な観察は控えるよう心がけたいと思っている。

そんな甘い海辺に思いをはせながら、次のテーマは鳥の皮膚、すなわち鳥皮にしよう。

4

そしてトリもいなくなった

ボンジリ隠して尻隠さず

シリアカヒヨドリ。
カラーでお見せできないのが残念だ。

赤いお尻の謎

シリアカヒヨドリという鳥がいる。この鳥は国際自然保護連合が発表している「世界の侵略的外来種ワースト100」にもランクインする迷惑鳥だ。南アジア原産の鳥だが世界各地に移入され、農業被害や在来種への影響が懸念されている。

だからといって尻が赤いことを名前につけるのはいかがなものだろうか。これではどう考えても悪口である。たとえば仮に私の尻が赤いからと言って、それを渾名にされたら、恥ずかしくてガラスのハートは粉々である。そんな逆風の中で侵略的外来種としてご活躍なのだから、よほど心臓が強いのだろう。

悪口はともかくこの鳥の名前で気になるのは、その名前から想定される姿がどのようなモノなのか、という点だ。これはすなわち、鳥の尻とは一体どこなのかという命題である。

人間の尻の位置は皆さんご存じのことだろう。電車の駅で階段を上りながらふと見上げて、目の前にある魅力的な実存が尻だ。ただし見つめすぎると制服のおじさんからカツ丼に誘われるので、気をつけながら観察することをお勧めする。要するに、背中側の腰下に位置する桃状の部位のことを尻と呼んでいる。

にもかかわらず、シリアカヒヨドリの背中側には一切赤い部分はない。これでは根拠のない悪口ではないかと思うかもしれないが、前を向いてみると尾羽の下の下腹部あたりが真っ赤である。

尻とは、排泄口の周辺部分のことを指す言葉である。人間の排泄口は背中側にあるが、鳥の排泄口は腹側にある。このため階段を上っていても、彼らの尻を見ることはできないのだ。

人間以外の脊椎動物では、一般に背側と腹側の境界線にしっぽがあるので、両者を外見的に分離することはたやすい。しかし、人間の場合は直立二足歩行している上にしっぽが消失しているため、尻が背中の陣地に入り込んでしまっている。この違いのため「尻は腰の下」という先入観に満ちた認識と、現実の鳥の尻の位置が逆になり、違和感を生じる原因となっているのだ。

そして、その先入観にとらわれたまま誤解あふれる名称がつけられているのがボンジリである。

丸ごとのニワトリを買ってきてボンジリの位置を確認しよう。首から後方に背骨の上をたどっていくと、骨盤を経て尾椎に達する。その上にスライムのような形のボヨヨンとした軟部組織が見つかれば、しめたものである。これこそが焼鳥屋でボンジリとして提供されているものだ。尾羽の付け根のちょっと手前の腰のあたり、まさに人間の概念にある尻の位置である。

ボンジリは普段は羽毛に隠されているので、野生の鳥の体上でこの器官を目にすることはほとんどない。このため、ボンジリが尻にないことすら認識されていないのが現実だ。この機会にボンジリが尻でなく背中にあることを覚えておいてほしい。解剖学的に考えると、これはボンコシと呼ぶのが相応しいのである。

なお、誤解を招かぬように宣言しておくが、私の尻は赤くない。

水と油と脂と水と

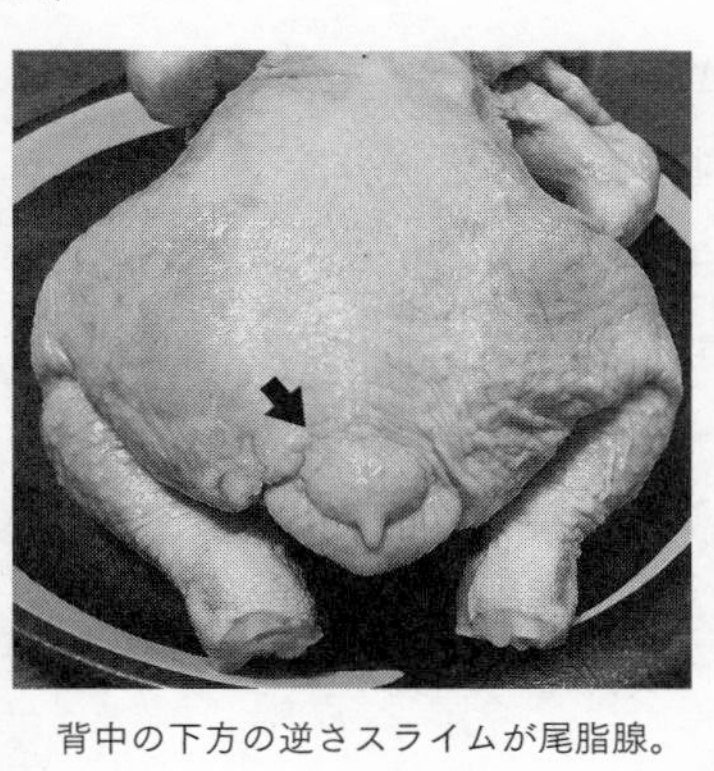

背中の下方の逆さスライムが尾脂腺。

もちろんボンジリは排泄口ではない。なにしろこんな場所から糞を排泄していては羽毛が汚れてしょうがない。ボンジリは脂腺（しせん）や尾腺（びせん）、尾脂腺（びしせん）などと呼ばれる部位で、脂分を分泌する器官だ。

尾脂線から出る脂分は、蠟や脂肪酸、脂肪などで構成されている。脂の分泌腺であるため、もちろん内部には脂肪分がたっぷりと含まれている。そのおかげでボンジリはとてもジューシーで旨みのある部位となっている。この部位を好むのは日本人だけではない。ガーナやサモアなどでは、アメリカから輸入したシチメンチョウのボンジリを好んで食材としている。なお、アメリカではこの部分は脂肪分が多く不健康だからとあまり食べずに輸出に回しているらしい。なんとも無責任な話だ。

この脂肪分は、鳥が羽繕いをする際に使われるものである。鳥にとって羽毛は生活のために大切な器官なので、手入れには余念がない。彼らが羽繕いする姿を見ていると、時々腰にくちばしを運ぶ姿が見られる。尾脂腺から分泌された脂肪分をくちばしにつけ、羽毛にこれを塗布しているのである。

こんなことを言うのはなんだが、鳥は服を着ていないという点で裸であると言える。彼らは公序良俗に反する姿で過ごしているわけだが、羽毛をまとっているおかげでギリギリ逮捕されずにすんでいる。そしてその羽毛のおかげで、雨の日も皮膚をぬらすことなく過ごせる。羽毛の防水性を担保しているのが、この尾脂腺から分泌される脂肪分なのだ。

雨に濡れる鳥を見ていると、羽毛がワックス直後の車の窓のように水をはじいていることがわかる。これは、羽毛の表面に塗りつけられた脂分のおかげなのである。ボンジリさまさまだ。

と、みんなそう思いがちだ。それはそうだろう。油を塗ったところが水をはじいているのだから、疑いようがない。しかし、実際にはそうとも限らないことがわかっている。

カモの尾脂腺を実験的に切除して、その後の羽毛の撥水性を評価する試験がなされた結果、この鳥の羽毛の撥水性は損なわれることがなかったのだ。ハト、スズメ、ニワトリについても、同様であることがわかっている。

鳥の羽毛の真ん中には細長い羽軸(うじく)があり、その両側に平面部が広がる。この平面部を羽弁(うべん)と呼ぶが、羽弁は羽軸から生えた細長い羽枝(うし)で形成されている。羽枝にはさらに細い小羽枝が並んでいる。どうやらこのような微細構造に水をはじく作用があるようで、その防水性は表面に塗られた脂分なしでも発揮できるらしい。

ただしカモの実験では、尾脂腺からの分泌物を塗らない場合は、羽毛の構造が傷んでボサボサになりやすいことがわかっている。この分泌物は羽毛に塗布されることで柔軟性を保ちこれを保護し、劣化を遅らせて微細構造を保っているのだ。そういう意味では、少なくとも間接的には防水性を維持する機能を持っていると言える。また、脂分を含んでいる以上は、防水性に全く寄与しないということはあるまい。古屋敷の座敷童のようなもので、なくてもなんとかなるが、あればあるに越したことのない代物だと考えたい。

尾脂腺は鳥の種類によって大きさに違いがある。体重に対する尾脂腺の割合が最大級なのはカイツブリで、体重の約0・6％ある。カイツブリは八丁潜りという異名を持つ水鳥である。ペンギンやミズナギドリ、カモなどの水鳥でも尾脂腺が大きい。このことを考えると、間接的にしろ直接的にしろ、やはり尾脂腺が防水性に寄与していることは間違いなかろう。

一方でハトやサギ、ガマグチヨタカ、オウムなどでは尾脂腺が小さいことが知られている。エミューやレアなどでは、発生途中の雛には尾脂腺があるが、その後に消失してしまい成鳥は尾脂腺を持っていないそうだ。

ハトやサギは、ベビーパウダー状の粉を発生させる粉綿羽（ふんめんう）という羽毛が発達している。この粉には羽毛を保護する機能があり、尾脂腺の力を借りる必要性が少ないのだろう。エミューやレアは飛ばない鳥なので、たとえ羽毛がボサボサになってもあまり気にしない。脂分を分泌するためには、当然ながらそれだけ余分な脂肪分を摂取しなくてはならない。必要なければそのコストを下げる方向に進化するのもうなずける。

哺乳類の場合は全身の皮膚に脂腺を持っており、あちこちから脂分を分泌している。人間も、頭皮やTゾーンの脂分に悩まされることもあろう。よーじやの陰謀ではないかと猜疑心にかられることもままあるが、脂分は皮膚や体毛を劣化から守る大切なプロテクターでもある。アブラギッシュなおじ様は、言わば乾燥環境におけるフルアーマー紳士なのである。

一方で鳥の皮膚には、少数の例外を除いて、基本的に尾脂腺以外の脂腺がない。羽毛全体の脂分を、腰にあるボンジリがまかなっているのである。哺乳類には見られない大型の尾脂腺は、鳥が中央集権体制をとっていることの現れなのだ。ボンジリは全身の脂分を集めた元気玉なので、脂っぽいのも致し方ないのである。

異性の視線と背中の脂腺

尾脂腺の分泌物には、羽毛の衛生状態を改善する機能もある。羽毛はケラチンというタンパク質でできているが、世の中にはこれを分解するバクテリアや菌類がいる。分泌物を塗布することで、どうやらこのような分解者の増殖を抑えているらしい。

一方で、この分泌物は特定の菌類の成長を促進する機能も持っている。こちらの菌類は、羽毛を食べるシラミ類がつくことを抑制する機能があると考えられている。利益のある菌類だけを増やせるなんて、実に御都合主義的で若干気に入らないが、文献にそう書いてあるので間違いないだろう。

ハトの雄では寄生虫によって羽毛が損なわれると、断熱性が低下して冬の生存率が下がる上に、雌にモテなくなりがっかりすることが知られている。羽毛ぐらいどうせ生え替わるのだからいいじゃないかと思うかもしれないが、羽毛の状態を常に良好に保つことは、遺伝子を未来に残す上で重要な要素である。

アフリカには、ヤツガシラやモリヤツガシラという鳥がいる。その名前だけを聞くと、八岐大蛇(やまたのおろち)かキングギドラのような姿を想像してワクワクしてしまう。しかし残念ながらヤツガシラの頭は1つしかなく、頭上に八房ばかりの冠羽が立ち上がっており、和名をモヒカンとした方がしっくりくる風貌を持っている。

彼らは、尾脂腺分泌物を捕食者対策に利用していると考えられている。モヒカンたちは鳥類界のスカンクとして知られており、分泌物が不愉快な悪臭を放つのだ。ただし、スカンクのガス噴射のように分泌物を飛ばすことはできないため、近距離に接近した捕食者にのみ効果のある防具となっている。

ヤツガシラとは対照的に、フラミンゴたちはこの分泌物を使って自らの魅力を上昇させている。脂質にはしばしばカロテノイド色素が蓄えられており、フラミンゴも尾脂腺の分泌物に色素を含んでいる。特に繁殖期になるとこの色素量は増し、分泌物を羽毛に塗布することで、鮮やかなピンク色を呈して美しくなるのだ。一般に鳥類はカロテノイドを体内で生成することはできないので、フラミンゴはスピルリナという藍藻類を食べることでこの色を得ている。もしもフラミンゴを飼う機会があれば、タマムシでも食べさせて7色フ

ヤツガシラの頭は1つ。

ラミンゴの育成に人生をかけてみてほしい。

鳥は一般に、換羽によって羽毛の色を変化させている。そんな中で、フラミンゴのように化粧によって色を変えるのはきわめて稀な現象だと言ってよいだろう。

世の中にはコスメを施す稀な鳥が他にもいる。例えばそれは、日本の絶滅界を代表する鳥、トキだ。こちらは尾脂腺ではなく首の周りから黒い分泌物を出して羽毛に塗り、白い羽毛を灰色に染め上げる。繁殖期になると意気揚々と薄汚れた色に化粧するトキを見て、ちょっとしょんぼりした気持ちになるのは私だけじゃあるまい。灰色より白のままの方が綺麗だと思うが、彼らには彼らの美学があるのだろう。

おいしく脱ヘルシー感の強いボンジリは、鳥に特有の器官である。鳥類は、神に与えられたこの特殊な器官をさまざまな用途に活用しているのだ。

＊

さて、ボンジリの話題は前座に過ぎない。ボンジリから周囲に広がりゆく無限の大地、すなわち鳥皮こそがここでの真のテーマである。なにしろ前章の最後にそう予告してしまった。

しかし、どうやら文章のボリュームを見誤ったようで、尾脂腺だけで紙面を長々と使ってしまった。このため、鳥皮については項を改めて、次でじっくりと取り上げよう。

サブイボと呼ばないで

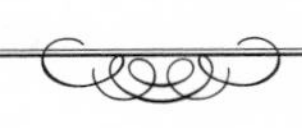

生まれて初めて

ハダカデバネズミのことを蔑んだことのある人は、手を挙げて下さい。あなた方は鏡の前で己の姿を再確認して反省すべきだ。体毛を失い全身に素肌を露出しているのは彼らだけではないことが改めて認識されよう。着衣により必死に隠そうとする人間の姿は、むしろ往生際が悪くなお情けない。我々人間は、無毛を恥じず堂々と生きるハダカデバネズミを蔑むことなど許されない。

ただし、ハダカデバネズミに直接相対する機会にはなかなか恵まれない。そんな人類がもっとも頻繁に目にする一糸まとわぬ脊椎動物といえば、それはやはりおそらくニワトリである。

一般的な哺乳類が体毛に包まれているのと同じように、鳥類も体が羽毛に包まれていることが本来の姿であり、肌の露出度は極めて限定されている。もちろん恥じらい深い鳥類には、全身無毛の種はこれまでに見つかっていない。このため、野生鳥類の肌を直接目にする機会は少ない。

しかし私たちには鳥皮がある。鳥皮は焼き鳥の中でも1、2を争う美味しい部位だが、まずはその素肌を拝めることを感謝しなくてはならない。

誰が数えたのかは知らないが、鳥類の体には小型のノドアカハチドリでも羽毛が900枚以上、大型のアメリカコハクチョウでは約2万5000枚も生えていると言われている。ニワトリだってもともと裸だったわけではなく、スーパーのケースに並ぶ前には、全身羽毛まみれで生活していた。

それどころかニワトリは、卵から孵化した時点ですでに羽毛が生えている。きっと多くの人は、卵の殻を割り、可愛い可愛いヒヨコちゃんが黄色い羽毛に包まれて生まれる場面を見たことがあるだろう。彼らはそのまま羽毛にくるまれて一生を過ごす。

これは、ニワトリが早成性（そうせい）の鳥だからである。ニワトリを含むキジ目の鳥の多くは、地上で営巣する。地上という資源は世界中に広く豊富に分布しているので、営巣場所に困ることはなさそうだが、ここは地上性捕食者に狙われやすい危険な場所でもある。生まれたての雛が巣内で鎮座ましますのは、赤帽子の美女がオオカミなイケメンに祖母の家までの道順を尋ねるような愚行である。

地上で営巣するタイプの鳥の雛は、生まれた時点でサバイバル能力を身につけていないと、世知辛い世の中を生き抜くことはできない。このため彼らは羽毛をまとい脚が発達し、自分の力で歩き回れる姿で孵化するのである。これはキジ目だけでなく、カモやダチョウなど、他の地上営巣性鳥類でも言えることだ。

一方で、樹上で巣を作る鳥の場合は、羽毛の生えていない裸の姿で卵から孵化するものが多い。こちらは晩成性と呼ばれる。ハトもメジロもダイサギも、生まれた時は貧弱な体に大きな頭部を持つ宇宙人体型で、よほどの物好きでないと素直に可愛いと呼べない姿をしている。樹上は、地上に比べれば捕食圧の低い場所である。無防備な姿で生まれた雛は、人生最初の数日を人生で最後となる裸体で過ごし、ゆっくりと羽毛を生やして、鳥らしい姿を獲得していくのだ。

メジロとドバトとダイサギの雛。美醜は主観にすぎない。

鳥類の本務は空を飛ぶことなので、体を軽くしておきたい。卵も産卵前には体重の一部となるので、これも少しでも軽くしたいところだろう。早成性の雛として生まれるには、卵内の養分もそれだけ多めに必要なはずだ。卵を軽くするためには、成長のための養分が最小限の晩成性の雛とすることが好ましいのかもしれない。早成性の鳥は一般に、地上や水上の利用が発達した鳥である。このため飛行を生活の中心に置くタイプの鳥に比べれば、一時的な体重増加の負担は相対的に小さく、孵化後の生存率を高めることを優先しているのだろう。

そう考えてみると、ニワトリは自分はおろか恋人の裸を見ることもなく、その生涯を終えるのである。鳥皮をいただくということは、その誰にも見られたことのない秘密の素肌を堪能するということなのだ。

立つことはあっても座りません

串に刺さった鳥皮から、生前の姿を想像するのは難しいかもしれない。そこに見られる最大の特徴は、わずかにポツポツとある小さな突起である。

いわゆる鳥肌と言われるポツポツは、羽毛が生えていた基部である。ゾゾッとした時に私たちの肌に出現する鳥肌も本来は毛穴であるから、基本的には似たようなものと考えてよかろう。

鳥の肌は年がら年中鳥肌を立てているわけだが、より一層鳥肌を立てることがある。鳥は、寒いと羽毛をふっくらと立てて丸くなる。これは、羽毛の下に暖かい空気をたくさん溜めて断熱材としているのだ。また、捕食者に対面すると警戒のために羽毛を逆立てることもある。こんな時、彼らの皮膚は羽毛を直立させるために引き締まり、ポッポツはひときわ立っているはずだ。鳥肌の最上級トリハデストの状態である。

羽毛を持つ現生動物は鳥類のみである。このため、羽毛の存在によって鳥を定義することも可能である。しかし、その祖先を含めると話は変わってくる。鳥の祖先である恐竜の中には、ミクロラプトルやディロングなど、羽毛を持っていた種もいるのだ。その進化の歴史を考慮に入れると、羽毛は鳥類のみの特徴ではなくなる。最近ではその系統関係から、鳥類は恐竜の1グループであると目されている。このような時流の変化に合わせて正確性を期するならば、鳥肌はむしろ竜肌とでも称すべきかもしれない。

さて、いずれにせよ鳥が鳥肌であることは間違いないわけだが、鳥の肌の全域が一様に鳥肌というわけではない。確かに鳥の体はくちばしや足先、眼の周囲などを除いて全体が体羽に包まれている。しかし、体羽は決して全身にくまなく生えてはいないのだ。

鳥の体には、羽毛の生えている「羽区（うく）」と羽毛の生えていない「裸区（らく）」がある。たとえばニワトリでは、翼の裏側や腹などに裸区がある。体を包む体羽は十分な長さがあるため、必ずしも全身に羽毛が生えてなくとも、肌を露出せずにすませることができる。

羽毛のない裸区は、体温を直接外に放出できる場所となる。鳥は人間とは異なり、汗をかいて体温を下げることができない。裸区の存在には、ここに風を通すことにより体を冷やし、過剰な体温上昇を防ぐ効果があるだろう。また、抱卵をする鳥では、繁殖期になると胸の羽毛が抜けて裸区が広がり、ここに血管が発達する。この裸出部を抱卵斑（ほうらんはん）と呼び、肌に直接卵を接触させることで、効率よく体温を卵に伝えて温めることができる。何しろ羽毛は優れた断熱材なので、これがあると卵が温まりにくいのだ。

鳥皮からもわかるように、ニワトリの皮膚はあまり色素の入っていない、シンプルで白っぽい色をしている。それ以外の鳥でも、鳥の皮膚は一般に派手な色はついていない。羽毛で覆われている以上、コストをかけて色素を生成しても誰の目にも届かないはずで、皮に派手な色をつけるのは、デートの約束もないのに勝負下着を着用するがごとく無駄な行為なのである。

ただし、鳥の皮膚に絶対に色がついていないわけではない。たとえば、怪しげな通販で時折売っている透視装置を入手して、ダイサギやコサギなどシラサギ系の鳥の皮膚の裏側を見てほしい。かれらの皮膚は外側から見ると一見普通だが、解剖して剥いで見ると、裏側が妙に黒っぽいのだ。人目につかぬところに黒下着など余程のオシャレさんかとも思ったが、これには適応的な意義があるかもしれない。

鳥の羽衣の配色は、背中側の色が濃く、腹側が薄いものが多い。濃色のもとは主にメラニン色素だが、メラニンには紫外線を吸収する効果がある。太陽光に晒される背側にメラニンを多く配することで、有害な紫外線が皮膚に達するのを防いでいるのだ。しかし白いサギではその効果は期待できない。そこで、皮膚にメラニン色素を配することにより、水際で紫外線防御を行っているのかもしれない。そういえば、ウコッケイも皮膚はおろか肉や骨まで黒くなるが、彼らも白い羽衣を持つ個体が多い。鳥ではないがホッキョクグマも皮膚が黒い。他の白い鳥ではどうなのか、今後確かめていきたいところだ。

綺麗な鳥にはトゲはない？

ジウジウとじっくりと焼いて表面をカリッとさせた鳥皮は格別である。旨みが口の中に広がり、ついつい次の串に手が伸びる。その旨みの素は脂肪分だ。鳥皮は、ボンジリに次いで多くの脂肪分を含む部位なのだ。食品成分データベースによると、脂肪分は重量比で約50％だ。ささみでは約1％しかないことを考えると、いかにダイエットの敵であるかがわかる。一般に鳥類の脂肪は皮下と内臓の周辺に貯えられるので、鳥皮に脂肪分が多いのもやむをえない。

鳥たちが皮下に脂肪を蓄えることは、冬季の防寒対策にもなると考えられている。羽毛が断熱材であることはすでに述べているが、同時に脂肪も優秀な断熱材となる。これを、最も外気温に接しやすい皮膚の下に配置することで、寒い冬を温かくすごそうという魂胆なのだ。

とはいえ、野生の鳥を解剖しても、食用の鳥皮ほど脂っぽい印象はない。多くの場合、皮膚はより薄く淡白である。家禽として品種改良されており、また成鳥ではなく若鳥であるため、一般の鳥とは若干異なる形質となっているのだろう。

残念ながらその高級感からいまだ食べる機会に恵まれていないが、北京ダックでは皮が食材としての主役になっている。最近はあまり出回っていないが、各種野鳥の焼き鳥ももちろん皮ごと食べている。おいしいかどうかはさておき、ニワトリ以外の鳥でも鳥皮を食べることは可能なのだ。

しかし、世の中には決してお勧めできない鳥皮がある。ズグロモリモズだ。

ズグロモリモズはパプアニューギニアに生息する鳥で、黒と赤の毒々しい羽衣を持っている。彼らはその毒々しさをこじらせて、実際に毒を持っている珍しい鳥だ。その皮膚や羽毛にはホモバトラコトキシンという凶悪なアルカロイド毒が含まれており、これを食べると三途リバークルーズへの招待券がもれなくついてくるのである。

ただしこの鳥は体内で毒を生成するわけではない。毒を持っているジョウカイモドキ科の甲虫を食べることで、二次的に毒性を得ている。このため、よっぽどズグロモリモズを食べたければ、無毒餌を与えてクリーンな状態で飼育

このクルーズはあまり
盛り上がらない。

することをお勧めしよう。

　ズグロモリモズのほか、近縁のカワリモリモズや遠縁のズアオチメドリなど、パプアニューギニアに生息する数種の鳥が同様の毒を持っている。この毒が学術論文で報告されたのは、1992年のことである。鳥の調査をしていた学生が羽毛に触れたところ、傷口がピリピリとしたことが発見のきっかけとなった。彼はついでに羽毛を舌の上に乗せたところむせて大変だったということだが、知らないものを口に入れてはいけませんよ。

　哺乳類や鳥類で毒を持つものは珍しい。哺乳類ではカモノハシやソレノドンなど少数の変わり者が毒を持つが、99％の種は無毒だ。鳥類でも毒を持つものは少なく、先に述べたパプアニューギニアの一連の鳥たちのみが毒を持つ鳥として紹介されることもある。しかし、実際には他にも有毒な鳥が知られている。それはたとえば、ヨーロッパウズラやツメバガンなどだ。

　ヨーロッパウズラの肉を食べると、コツルニズムと呼ばれる中毒症状を示すことがある。ウズラの属名はコツルニクスと言い、まさにウズラ中毒と言うべきものだ。この中毒は、急性横紋筋融解症や場合によっては肝臓障害を起こすもので、その事例は古くは聖書にも紹介されているそうだ。原因はまだ特定されてはいないが、鳥が食べるシソ科のオドリコソウの仲間やキンポウゲ科のヘレボルスなどの有毒植物に由来すると考えられている。

幸いにして、同様の中毒は他の鳥からは特に見つかっていない。おそらく、有毒植物を食べた鳥は本人が死んでしまう場合が多いだろうから、通常の狩猟で獲られた鳥は概ね安全と言えよう。逆に、死体で発見された鳥はリスクがあると言える。いかに肉付きがよく新鮮な死体でも、拾い食いは控えた方がよいのである。

＊

さて、鳥皮は非常に旨みのある部位だが、これと並んで旨みのぎゅっと詰まった部位がある。鳥の日常生活で特に運動量が多くひきしまった部位、首肉である。次は、一般にセセリと呼ばれるこの部位を改めて紹介しよう。若干のデジャブ感があるかもしれないが、こちらにも色々と事情があるのだ。

ロクロ、ロクラー、ロクレスト

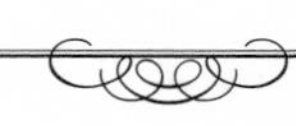

クビノビール

現生生物の中で最も首の長い動物は、ろくろ首である。あの長い首を空中で器用に操ることから、内部がしっかりと頸椎(けいつい)で支えられていることは間違いない。

だからといって、頸椎そのものを伸縮させるのは非現実的である。このため、彼女らの首は実際には伸縮しておらず、そう錯覚させているだけだと考えられる。おそらく器用に折りたたんだ首を和服の下に隠しているのだ。彼女らが首回りが露出しやすいTシャツを拒んでいることも状況証拠の1つだ。リーチの長さを隠して獲物を油断させた上で襲いかかるのは、野生動物の常套手段である。

前に述べたように、一般に哺乳動物の頸椎は7つだが、ミツユビナマケモノでは9つある。創造の神様は例外も許容しているのだ。ろくろ首も、7つの頸椎で首を折りたたむのは難しいが、数が多ければ不可能ではない。彼女らに出会ったら謹んでデートにおびき出し、しっぽりとMRIをご一緒して骨格的特徴を解明するのが生物学者の役目である。

長い首を服の下に隠すという方法は、鳥類では常套手段だ。羽毛に覆われた鳥の首は一見長さがわからないが、実は結構長い。普段は首をS字形に曲げており、その収納部分を羽毛がふぅわりと隠しているため目立たないだけである。一見すると首が短く見えるツバメでも、首の長さは胴体の長さの約半分もある。ジャイアント馬場なら約40㎝の首を持つ計算だ。フクロウが首を真後ろまで回すことができるのも、この首の長さのおかげである。

首の長さを外見的に確かめやすいのはゴイサギ類である。彼らはサギなので首が長いのも当然と思うだろうが、休憩中はハンプティ・ダンプティ・スタイルでズングリむっくりしている。しかし、一度水中に魚を見つけると、まさにろくろ首のごとくに首を伸ばして瞬殺する。首の長さを魚に悟られまいと無害を装うそ

ゴイサギの首は思いのほか伸びる。

の姿は、英国諜報部の潜入捜査官のごとしだ。

鳥の頸椎の数は9個から25個と変異が大きく、ニワトリは哺乳類の倍の14個の頸椎を持っている。前肢を翼に変えて飛翔に適応した鳥類にとって、頭部は手の代わりをする重要なマニピュレータである。その頭部をあらゆる場所に運ぶのが、この首の役目となる。鳥類の胸椎(きょうつい)はしばしば癒合し可動域が狭いため、哺乳類に比べて体が硬い。これに対して関節が多く長い頸部は、単に頭部を支えるための台座ではなく、全身を羽繕いし、食物までアプローチするためのしなやかな運動器官なのだ。

なお、頸椎数で史上最多記録を持つ生物はアルバートネクテスという首長竜で、総数75個を誇る。クビナガの名に恥じず、全長の60%以上が首というクビナゲスト爬虫類だ。

ションヤンの酒家

セセリという名前で売られているのが首の肉である。ふむ、どこかで聞いたことのある話だ。ふむ、思えば首肉については、トリガラの項で脇役的に紹介したことがある。しかし、その存在感から改めて主役として取り上げることにした。中途半端に紹介したことを猛反省しているので、以前のことは忘れてほしい。

さて、この肉は胸肉に比べて弾力があり、噛み締めるほどに味わい深い。ニワトリは首を上下させながら石の隙間に落ちた種子や小さな草の芽生えなどを四六時中ついばんであり、その運動量は相当なものだろう。狭い飼育舎の中で過ごすニワトリであれば、体の中で最もよく動かしている随意筋はこのセセリかもしれない。首肉の美味しさはその傍証である。

セセリをよく見ると、湖池屋のスコーンが多数絡みついたような構造をしている。単純な棒状の上腕骨や大腿骨などとは違い、頸椎には多数の突起があり、その形状は複雑だ。この突起こそが筋肉を付着させ巧妙な動作を実現するために必須の部位なのだが、まさにそのせいで、首肉を骨からきれいに外すのは容易ではない。このため首肉の多くは、ガラの一部としてスープの旨味を演出する裏方に甘んじている。

確かにセセリ自体がおいしい上、骨からも出汁が出るので、絶品スープが約束される。しかし、肉自体の美味しさが十分に認識されていないことは、首肉向上委員会の一員として残念なことだ。

「ションヤンの酒家」という中国映画をご覧になったことはあるだろうか。劇中で屋台の美人女主人ションヤンが作るカモの首肉料理は観客を魅了し、中国全土に鴨首ブームを巻き起こしたとも言われる。もともと中国湖北省の料理で、カモの首肉

ションヤン名物の鴨首。

を秘伝のタレで煮込みぶつ切りにして賞味するものだ。骨にまとわりついた肉を食べるには上品さを維持するのが難しいため、初デートで食べてはいけない鴨肉料理ランキングで不動の1位を譲らない。しかし、若干の苦労の後に味覚に与えられる報酬はまた一入なのである。

シェケナベイベ

ニワトリに限らずハトやサギが歩く姿を見ると、頭部を前後に振っている。この首振りという動作は鳥に独特なもので、哺乳類や爬虫類などでは見られない。張子の虎が時々首を振って愛想を振りまいているが、あれは上下左右に振っているのでまた別物である。

一般に、捕食者の目は正面向きについている。両眼の視野が重なる範囲を広くすることで、獲物を立体的に捉えることができるのだ。その一方で、被食者の目は頭の横側についている。両眼の視野が重なる範囲は狭くなるものの、見渡すことができる範囲は広がり、自分を狙う捕食者をいち早く見つけることを可能とするデザインだ。

しかし、ここに1つ問題がある。目が横向きについているため、前進するときに視界の中で世界が動き続けてしまうのである。ずっとそんな状態では、歩いているだけで乗り物酔いしてしまう。ついでに、画像がブレて対象物を明瞭に捉えることができない。

鳥にとっては、視界に食物をとらえることは最大の関心事である。歩行中にそれができないと効率が悪くてしょうがない。首振りは、これを解決する画期的な歩行法なのである。

移動時に頭を1歩分前に進める。そこで頭の位置を空間に対して停止させ、体を前方に引き寄せる。そしてまた素早く頭を1歩分前に進める。こうすれば、視界に映る風景が動く時間は最小限となり、画像を静止できる。体を中心に考えると、確かにこれは首を振っているように見える。しかし、その機能的意義を考えると、これは世界に対して首を静止させているのだと言える。アリストテレス的頭動説ではなくコペルニクス的胴動説によって、彼らの動作は生まれているのである。

この首振りの動作は、通常1歩に対して1回行われる。しかし、サギ科のミゾゴイでは、1歩に対して2回頭を動作させた記録がある。一方、ムラサキサギでは1度の首振りで2歩進んだ記録がある。だからどうしたということはないのだが、まぁそういうこともあるというそれだけの話である。

鳥は地上以外でも、機会があれば首を振る。クイナ科のバンやオオバンは、水上をぷかぷかと移動しながら首を振る。カイツブリは、水中で泳ぎながら首を振る。彼らが首を振る理由は、おそらく地上歩行時と同じだろう。たとえどこにいても、鳥は首を振ることができるのだ。

さて、目が横向きについているのは鳥だけではない。哺乳類でもウマやウサギ、魚類でもアジやサバなど、目が横向きについている脊椎動物はたくさんいる。しかし、首を振るのは鳥ばかりだ。鳥ばかりがこのような動作を行えるのには、その首の長さと頸椎の数が貢献していると考えられる。

頸椎が7つしかない哺乳類は、首の柔軟性が低い。首の長いウマやキリンもまっすぐ伸ばしていることが多く、湾曲させることは少ない。魚類に至っては、前後に首を振ると頭が胴部にめり込んでしまい、いちいち気味が悪くて食欲が削がれる。首振りは、長さに余裕があり首をしなやかに湾曲させられる鳥類だからこそ、可能な芸当なのである。

これだけ解説しておいて今更だが、鳥だからといって必ずしもみんな首を前後に振って移動しているわけではない。コアホウドリは、歩きながら首をピョコピョコと上下に伸ばしたり縮めたりしており、不自然極まりない上に見るからに歩きにくそうに歩く。サギだって急ぐときには首を振らないし、ガンやカモはそもそも歩行時に首を振らない。ガンの目は横についているし、地上で採食する。前述の通り首を振る理由をそれらしく

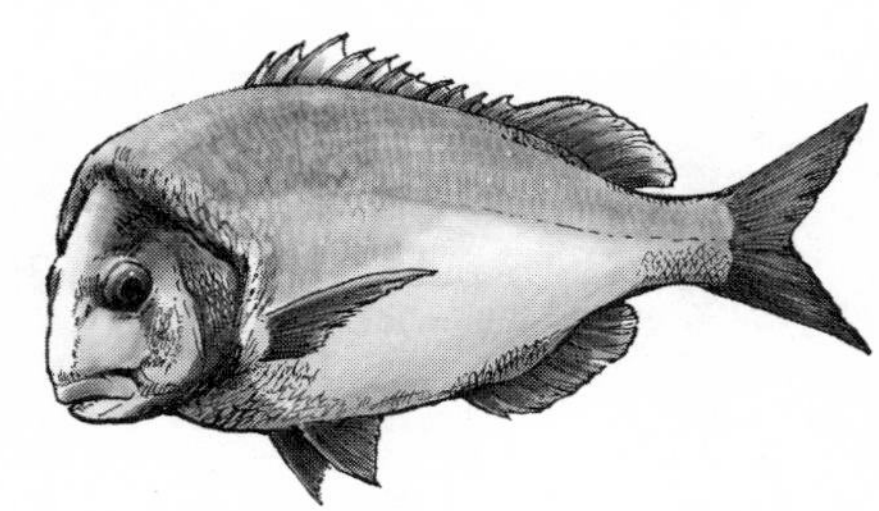

魚は首を前後に振らない方が良い。

説明してケムに巻くことはしばしばあるが、彼らの行動が完全に説明できているわけではない。鳥の身近な行動にもまだまだ謎が多いのである。

哺乳類のエゴイズム

鳥の首を構成するのは、頸椎とそれを鎧う筋肉のみではない。そこには2本の管が寄り添っている。これらは食道と気管であり、わたしたち人間と同じ構成だ。食道は弾力があってへにゃへにゃしており、断面は一定しない。一方で気管は、ザクの動力パイプのように剛性感のある構造をしている。

食道は口から胃につながる管であり、食物を運搬するという体内インフラ機能を担っている。鳥の口には歯がないため咀嚼機能はなく、大きな食物も基本的に丸呑みにするのが野生の掟だ。食道が定まった形を持たずのらりくらりと心許ないのは、大きな食物もニュルリと通過させる柔軟さを持つ、包容力ある素材でできているからこそなのだ。

一方の気管は、常にシャキッと内部の空間を保っている。鳥類は寝ても覚めても呼吸をしている。サギなどでは、時として圧倒的に巨大な怪魚を食道に通過させ、気管を圧迫することもあろうが、だからといって呼吸をおろそかにするわけにはいかない。いついかなる時でも気道を確保するため、こちらは軟骨による剛直な構造を持っているのだ。いつ焼鳥屋で軟骨を頼むと、たいがいはコロリとしたヒザ軟骨が出てくる。しかし、気の利いた店では動力パイプが串に刺さってお目見えすることがある。こちらはさえずりとも称される。そのコリコリ感が癖になる頃には、きっとあなたも常連さんだ。

熱帯から亜熱帯で繁殖するグンカンドリは、ディスプレイのため真っ赤な喉袋を膨らませることで有名だ。これは食道の仕事である。空気を入れて膨らますのだから気管が受け持ちそうな機能だが、これは食道の仕事である。何しろ気管は頑丈な構造を持つので、膨らませられない。ちなみにこの喉袋は、膨らますのにもしぼませるのにも10分以上かかるというめんどくさい代物である。

鳥の食道には、人間にはない嗉嚢（そのう）という部位がある。これは袋状の器官で、一時的に食物を蓄えることができる。飼い鳥にたくさん餌を与えると、喉のところがパンパンに膨らむ。これが嗉嚢だ。ただし鳥だけでなくアリやミミズなども嗉嚢を持っており、無脊椎動物も侮れない。その役割は、食べ物の格納だけではない。種子食のカワラヒワなんぞはヒナにも種子を与えるが、嗉嚢内への一時貯蔵は堅い種子をふやかす効果もあると考えられる。

ハトやフラミンゴの嗉嚢は、さらに特殊な機能を持つ。彼らの嗉嚢からは、ピジョンミルクやフラミンゴミルクと呼ばれる液状の物質が分泌される。その中にはタンパク質や脂肪分が人の母乳以上の含有率で含まれており、ヒナを育てるための餌として吐き戻されるのだ。コウテイペンギンのオスも同様のミルクを分泌することができる。

哺乳類は、この太陽系で子供に哺乳するのは我らのみと鼻高々に名乗りを上げて偉そうにしている。一方で、辞書をひくと哺乳とは「乳を飲ませて子を育てること」とある。ならば、ハトやフラミンゴも立派に哺乳していると言えよう。しかもこれらの鳥はオスもメスもミルクを出せるという点で、男女共同参画が人類以上に進んでいる。哺乳類よ、もっと謙虚におなり。

＊

さて、いろいろ食べた結果、残された部位はもう頭部しかない。しょうがない、食べてみるか。

画竜点睛

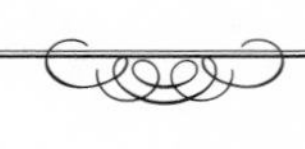

尾頭付きでどうぞ

オオスズメバチがメジロの死体を食べているのを見たことがある。食べていたのは肉ではなかった。頭蓋骨にきれいな穴を開け、脳を食べていた。猛禽類も仕留めた鳥の頭を開いて脳を食べることがある。彼らはグルメだ。

　脳はバランス栄養食である。人間の脳を例にとると、水分が7割、脂肪とタンパク質が各1割、残りはビタミンやドコサヘキサエン酸、夢と希望と明るい未来でできている。捕食者とレクター博士がここを狙うことは合理的と言えよう。

　一般に哺乳類の骨は硬く、脳頭蓋（のうとうがい）も例外ではない。おかげで格闘技でも将棋でも頭突きが禁止されている。しかし、軽量化に精を出している鳥類はその限りではない。彼らの頭蓋骨は軟弱なのだ。

　鳥の脳を守る骨は緻密ではない。脳頭蓋の断面を拡大してみると、脳に接する内側と皮膚に接する外側は板状の平面構造を持つが、内部は中空で海綿状の構造が支えており、腐海の深部の清浄階層を思わせる。この構造のおかげで、頭蓋骨は軽くできている。

もちろんそれなりの剛性感はあるものの、哺乳類のような堅牢さはない。この骨は鳥の骨の中でも胸骨と並んで脆弱で、だからこそ捕食者は鳥の脳に容易にアプローチできるのだ。

しかし、巷では食材として鳥の頭に出会うことは稀である。確かに焼き串に鳥の頭が団子三兄弟的に並んでいる姿は見たことがないし、見たくもない。栄養満点で装甲も脆弱なのに活用が不十分なのは、単に気味の悪さの故だろう。その結果、鶏頭は水煮缶詰としてペットの餌コーナーにひっそりと佇むのが関の山なのだ。

鳥頭と言えば悪口である。頭は名実ともにニワトリの頂点に位置するにもかかわらず、何かにつけ貶められている。丸鳥を買ってみてもすでに頭は除去されており、「結局は体が目当てだったのね」的な非難も免れない。今回のミッションは、鳥頭の汚名返上・名誉挽回をはかり、遍く人類にその地位を知らしめることである。

鳥頭紀行

鳥頭の食材的価値を求めて海外を渡り歩いた私は、ボルネオのとある食堂でついにニワトリの頭に出会った。皿の上にくちばしを取り除いた頭が首ごと丸っと素揚げに鎮座ましましていたのだ。高温で揚げられたカリカリの頭蓋骨は香ばしく、噛み砕くとふわっとジューシーな脳が口の中に広がる。先入観さえ取り除けば、頸椎まで食べられてご飯のお供に最適である。

自然下で見られる鳥の頭は世を忍ぶ仮の姿だ。羽毛の下に隠されたリアル頭を見なくては真の理解はない。是非多くの人に鳥頭を実食してほしい。しかし、こぞってボルネオまで行くのは大変である。美味な鳥頭を賞味して個人的には満足したので、改めて国内での探索に引き返すことにした。

ニワトリではないが、アヒルの頭は首肉の時にも紹介した湖北省のローカル料理の食材となっている。実食できる店舗は限られるかもしれないがこれなら日本でも賞味可能だ。早速購入してみると、旨辛く味付けされたアヒルの頭が真っ二つになっている。脳や眼球、くちばしの鞘、あごの筋肉など、軟部組織をこそげて食べる。食べにくくて思わず無口になる。ズワイガニ喫食時の無口度を1ズワイとするとアヒルの頭は約3ズワイ、話の弾まない上司とのランチタイムにもってこいだ。ここからは調理済みのアヒルの頭をかじりながら読んでほしい。

おいしく食べていると、皿の上に横たわるアヒルの虚ろな視線を感じる。原因は彼らの目が真横についているためだ。一般に被食者は目が横向きにつくことで、広い視界を

頭(白線)の素揚げ。点線はくちばしのあった場所。

調理済みアヒル頭。白線：眼窩、矢印：耳穴。

確保して捕食者の襲来をいち早く察知する。横向きなのに目が合うのは、生物間相互作用が生み出した進化の賜物である。

アヒルの頭では、眼球の居場所である眼窩の幅は、くちばしを除いた頭長の約3分の1もある。外見的には目はあまり大きくないように見えるが、その背後には大きな眼球が隠されているのだ。鳥類は一般に頭部に占める目のサイズが大きく、ダチョウでは眼球が直径5㎝にもなる。視覚に頼って生活する鳥類にとって、大きな目はマストアイテムだ。その形状は目玉親父のようなまん丸ではなく、つぶれた饅頭のような形をしている。限られた頭部の空間でレンズの直径を稼ぐには、この形が最適なのだろう。

目の後方下側には小さな穴がある。こちらは耳の穴だ。鳥には外耳がないため普段は見えないが、ちゃんと耳穴があいているのだ。見慣れないため奇妙に感じる人もいるだろうが、鳥は音声でコミュニケーションをとるのだから、立派な耳穴があるのは当然のことだ。シチメンチョウなど頭が禿げ気味の鳥では生前にも耳穴が見えるが、ニワトリやアヒルでは食材になって初めて会える部位である。

くちばしは鳥の外見的特徴の1つだ。こちらは脳と目に占められた頭部に比べると、てろてろで貧弱である。くちばしの主構造は薄い骨でできており、骨の上をケラチン質の鞘が覆っている。今でこそ柔らかく煮込まれているが、ケラチンは本来、硬くて軽い素材だ。頭部の前半分を占めるくちばしが体積に応じて重ければ、肩がこってしょうがない。しかし、くちばしはケラチンで外部から補強しつつ内部は中空になることで、肩こり防止の軽量化が図られているので心配は無用である。この鞘の部分は代謝により常に新調されるため、使用によりすり減っても鋭さや構造が維持されるのも利点だ。

鳥のくちばしは単なる食物の入口ではなく、食物をつまんだり、巣を編んだり、羽繕いをしたりと指の代替器官でもある。このため、それぞれの種の生活にあわせて個々に形態が進化している。アヒルでは下くちばしの外側が洗濯板状を呈しているが、これは原種であるマガモの形質を伝えているもので、水草などを切断するのに利する構造だ。

くちばしの先端。カルガモ(下)とヤマシギ(上)と有象無象。

くちばしの鞘をはずすと骨が露出し、上くちばしの先端部では小さな穴があいているのが目に入る。これらは神経が通る穴である。鳥のくちばしの先端は人間の指先のような感覚器官になっており、多かれ少なかれ神経孔があいている。カモ類やシギ類などはその密度が特に高い。彼らはしばしば水面下にくちばしのみを差し入れて採食するため、視覚よりも触覚に頼って探索しているのだろう。地中の穴にくちばしを入れて採食するシギ類でも、神経孔が多いことが知られている。一方で、鶏頭の缶詰を見ると、ニワトリのくちばしでは穴の密度が低い。主に視覚に頼って食物を探す種では、くちばしの触覚は発達していないのだ。

赤より紅く

さて、確かに焼き鳥屋に鳥頭三兄弟はいないが、実は部分的には頭が活用される場合がある。希少部位の1つカンムリ、すなわちトサカのことである。

トサカはぷよぷよとした柔らかい組織でできている。肉冠とも言われるが、肉というよりはむしろコラーゲンの塊なので、お肌の曲がり角あたりでの注文がおすすめだ。

雄のトサカは雌に比べて遥かに大きいことから、これは雌へのディスプレイ用の装飾と考えられている。ニワトリの原種であるセキショクヤケイでは、雄のトサカが健康状態の指標になっており、腸内の線虫など寄生虫が多いと小型になることが知られている。また、雄性ホルモンであるテストステロンの量が多いとトサカは大型化する。ニワトリではトサカの赤さが寄生虫の量に影響されることも知られている。大きく立派なトサカの個体を選べば、健康で強い雄をゲットできるという寸法だ。ウルトラセブンが養鶏場に入ろうものならモテモテで興奮の坩堝だろう。

ただし、ニワトリではテストステロンが多いと免疫力が低下して寄生虫の感染が増えることもあるらしい。限られた資源を体力維持に使うかお洒落に使うかのトレードオフだ。健康と引き替えのディスプレイは悪魔との契約だが、病弱な沖田総司が意外とモテたりするので、まぁそういう戦略もありなのかもしれない。

トサカの赤さを演出する立役者は血液だ。透明な皮膚を通して赤い血液が透けて見えることで、鮮やかに赤くなる。一方で血抜きをするとトサカはみるみる色が抜けて白くなるため、焼き鳥屋で振る舞われるカンムリは赤くはない。

血液による発色は鳥では珍しいものではない。瑞鳥としてありがたがられているタンチョウの頭の赤さも羽毛の色ではなく、ブツブツした充血皮膚が裸出している。シチメンチョウは顔が青いが、こちらは血液にヘモグロビンだけではなく青色色素のヘモシアニンを含むためである。毛細血管の構造で濃度勾配を作り、青色血液を充血させて発色しているのだ。

なお、トサカはさっと湯がいて薄切りにして、酢醬油と練り辛子でさっぱりといただいても、コリコリ触感が乙である。

調べてみると、鳥のトサカはイタリア料理でも使われるらしい。トマトソースで煮込んだりパスタに放り込んだりと、しばしば活用されている。癖のない食材なのでさもありなんというところだ。

悪口はダメ、絶対

鳥の頭部で食べられるところは他にないものかと件の鴨首肉店を巡回していたら、もう1部位あった。アヒルの舌だ。

舌は鳥の体の中でも、採食生態に合わせて最も適応的に進化している部位の1つだ。アヒルの舌は、くちばしの形に合わせて幅広で長く、ヒトの舌に似ている。このような形状は鳥では珍しい。

ウグイスの舌は細く鋭角にとがった三角、メジロやヒヨドリでは箒の先端のようにブラシ状で、カワラヒワでは竹槍のように頑丈だ。それぞれ、昆虫、花蜜、種子を食べるのに適応した形と考えられる。特にブラシ状の舌は表面積を増やして蜜を効率よく採れるようになっており、進化の妙を感じさせる形態だ。

調理されたアヒルの舌は、すでに表面の微細構造を失っているため、本来の姿はわからなくなってしまっている。しかし、マガモやカルガモが水面でプカプカしながら欠伸をしているところをじっくり見てみると、舌の両脇にはふさふさとヒゲ状の構造が並んでいる。これらのカモは水中でプランクトンなどを食べるため、このヒゲで水を濾して小さな食物を集めているのだろう。ヒゲクジラと同じやり方である。

カモの舌の根元には無数のトゲが生えている。これは調理済みの舌でも確認できる。

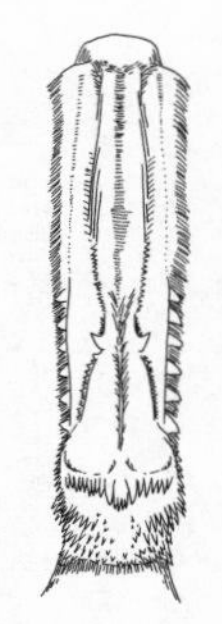

メジロの舌はブラシ状。

カルガモの舌はトゲトゲやフサフサで、微細な食物も逃さない。

口の中の食物を食道に送るための滑り止めだ。昆虫を食べるウグイスやヒヨドリなどでは大きめの返しが1対あるだけなので、カモのトゲトゲはやはり小型プランクトン食への適応だろう。なお、ペンギンでは舌上全体にトゲがびっしり生えているので、動物園に行ったら注目してほしい。

アヒルの舌を食べると、引き締まった肉の旨みが楽しめる。毎日の採食で活躍する筋肉なので、よく鍛えられているのだ。がぶりと食べると歯に細い骨がぶつかる。舌骨だ。人間の舌は筋肉の塊だが、鳥の舌には細長い骨がある。アヒルを含むカモ類は幅広で筋肉質な舌を持つが、多くの鳥はくちばしの細さに対応した細長い舌を持ち、筋肉量も最小限だ。支柱となる骨のおかげで、細い舌を自在に操ることが可能となる。

以上のように鳥の頭部には思考や視覚、聴覚を維持し採食を司る重要な器官が、小さなスペースに所狭しと詰め込まれている。実に複雑で不可欠で味わい深い器官なので、今後は無闇に鳥頭と呼んで軽んじることは遠慮していただきたい。

と、頭部を代弁してその価値を説くつもりだったのだが、当事者であるニワトリのマイクから物言いがついた。マイク・ザ・ヘッドレス・チキン、首なしチキンのマイクだ。

1945年、マイクは夕食用に頭部を切り落とされた。しかし、マイクは一向に死のうとせず、普段通りに存在しない頭で餌をついばみ続ける。エアついばみだ。飼い主は愛想を尽かして夕食を諦め、その後1年半にわたり飼い続けることとなった。切断面に残る食道からスポイトで水と食物を与え、体重は約3倍に増えたそうである。

なくても何とかなるなんて、そんなことだから鳥頭とか言われるのだ。もっと自分で気をつけてもらわないと、弁護するにも限度があるというものだ。

＊

さて、これでニワトリの頭から足の先まで、食べられそうなところは大概食べ終わった。次はいよいよ最後の仕上げだ。ニワトリから生まれ、その未来を紡ぐ役割を担う存在、卵。これを食べながら、ニワトリが先か卵が先かの命題に決着をつけよう。

そういえば、忘れないうちにお伝えせねばならないことがある。シチメンチョウの血が青いっていうのは嘘なので、信じないでくださいね。

エピローグ　卵が先か、ニワトリが先か

例外のない規則はない

一般に哺乳類は胎生だが、カモノハシとハリモグラ科4種は卵生である。爬虫類や魚類は大多数が卵生だが、ニホンマムシやメバルなど卵胎生(らんたいせい)の種も含まれている。生物の進化は実験の歴史である。多様な環境変化に翻弄され、時には特殊な戦略も進化する。

しかし、こと鳥類においては例外が許されなかった。全ての鳥類はことごとく卵生を示し、卵胎生の種は化石たりとも見つかっていない。ペンギンだろうがカラス天狗だろうが卵を産む。

「鳥は卵生」という規則には例外がない。鳥類はことわざに勝ったのだ。しかし、例外のない規則の存在は、例外のない規則はないという規則にも例外があったということで、結局のところこの規則の言わんとすることそのものである。試合に勝って勝負に負けたとはこのことか。

さて、すっかり掌の孫悟空なのも鳥類が卵を産むせいだが、これも致し方ないことだ。

なぜならば、鳥は相変わらず飛翔効率最優先だからだ。

卵生と胎生の大きな違いは、子供を体内に維持する期間にある。卵生の母鳥は受精を終えた卵を素早く体外に排出する。その後の抱卵により細胞分裂が進み、発生が促され、殻の中で雛が形成されていく。母鳥の体内では用意した材料を殻に包むだけで、個体の形成は体外で進むのだ。

鳥にとって、体重増加は大きな負担だ。胎生や卵胎生として安全な体内で発生を進めれば、初期の生存率は高まるだろうが、飛行にかかるコストが大きくなる。卵生には、体重増加を最小限に抑えるという機能があると言えよう。

無飛翔性の鳥であっても、卵生の制約から解放された種はいない。風の谷のクイですら卵を産む。祖先が飛行と引き替えにその体に受けた呪いは容易には解けないのだ。

その中でもがんばっているのは、ニュージーランドのキーウィである。この鳥はフルーツに絶賛進化中の地上徘徊性鳥類だ。無飛翔化して体重制限から解放された彼らは、

キーウィは卵に投資しすぎ。

卵が体重の25%に達するほど巨大化している。卵が大きければ生まれる子供も大きく、その後の生存率も高くなるだろう。このまま100万年ほど待てば、この鳥は卵胎生に進化していることを予言しよう。もし卵生のままだったら、その時は鳥類学者の職を辞してもよい。

卵を割らずにオムレツは作れない

ロッキーはグラスにいくつもの生卵を割ってごくごくと飲む。卵は1日1個までと言われて育った私にとって、チャップリンの革靴と並んで革命的な食事シーンだった。卵は完全栄養食である。それもそのはずだ。受精卵は殻の中の小さな空間で雛になる。これは、他愛ない細胞が1羽の鳥になるために必要な栄養が、全て卵内に含まれているということを意味している。

鳥の卵は黄身と白身でできている。黄身が好きか白身が好きかは、不二子派かクラリス派かと同じく永遠の命題である。しかし、なんだかんだ言っても結局は不二子に傾くのと同じで、鳥にとって大切なのはもちろん黄身である。白身は黄身を守るための緩衝材と言ってよい。

卵黄には色の薄い小さな丸い部分が見られる。これは胚盤葉（はいばんよう）、将来雛になる部分だ。卵黄の残りの部分は、小さな丸が雛に育つための栄養タンクである。一般に販売される

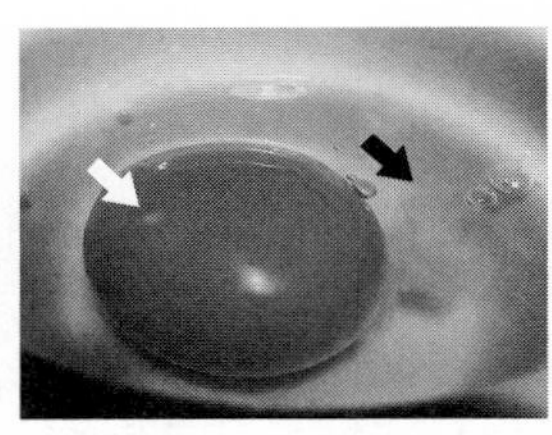

白矢印が胚盤葉、黒矢印のもやもやがカラザ。

卵は無精卵なので、受精卵に比べると胚盤葉のサイズが小さいが、目視でも確認できる。そして卵黄は単なる栄養以上の機能を持っている。卵黄のオレンジ色を表現しているカロチノイド色素には、DNAなどを酸化から守り免疫機能を高める機能があるのだ。

卵黄の端っこには、もやっとした白い紐状のカラザがある。これは卵黄を卵白の真ん中に固定するための器官だ。「殻座」と当て字されることもあるが、ラテン語に起源する外来語である。

卵の殻の表面には、小さな穴がたくさんあいている。肉眼だとなかなか見えないが、デジカメで接写して拡大すると観察しやすい。これらは卵内で雛が呼吸したり、卵内の水分を蒸発させたりするための気孔だ。ニワトリの卵は抱卵開始から約20日で孵化する。雛だってこの期間ずっと息を止めて閉じ込められていては、閉所恐怖症になってしまう。そんな不安を払拭するため、ガス交換用の孔があいているのだ。

気孔の密度は鳥の生息環境によって異なる。乾燥地では、卵の中身が乾いてしまわないよう密度が低く、湿潤地では効率よく水分を放出できるよう高密度というわけだ。これを確認するには乾燥地で進化したダチョウが適当だろう。サバンナに行く機会には、命がけでダチョウから卵を拝借して観察してみるのも一興である。

さて、卵は次世代に子供を残すためのものだが、一般販売される鶏卵は未受精なので、どんなに抱卵しても温泉卵が関の山だ。しかし、シチメンチョウでは未受精卵の3～5割が単為発生を始めることが知られている。多くは発生途中で死亡するが、中には無事に成長する個体もいる。無闇に温めると罪悪感と後悔に襲われるかもしれないので、シチメンチョウの卵を見つけた時は気をつけていただきたい。

カラフルな卵からはカラーひよこが生まれる

鶏卵、ピータン、ウズラの卵。通常の販売ルートで日常的に見られるこれらの卵にも、見かけには大きな違いがある。鶏卵には白色以外にも赤玉がある。ピータンに使われるアヒル卵では、品種により白い卵と水色の卵がある。一方でウズラでは、殻に模様があるのが特徴だ。

野生の鳥でも卵の色にはバリエーションがある。フクロウやミズナギドリなどは真っ白、ムクドリやメジロなどは青白い卵を産み、ウグイスではチョコレート色だ。スズメやツバメは、ウズラのように模様のある卵を産む。

卵の殻は炭酸カルシウムでできており、特に色素がなければベースカラーの白色となる。赤系の色はプロトポルフィリン、青系の色はビリベルジンによるものだが、共に赤

野鳥の卵。どれが何かは内緒。

血球のヘモグロビンに由来する色素である。ウズラ卵の模様はポルフィリンという色素だ。

卵を生産するコストを最小限にするなら白色が最適だが、白い卵は目立ち、捕食者に見つかりやすいはずだ。穴居性のキツツキやカワセミ、ゾゴイなどは白い卵を産むが、産卵後すぐに親が抱卵を開始するミゾゴイなどは白い卵を産むが、彼らは卵を人目から隠しているので、保護色の必要性は低いのだろう。白は暗い場所でも目立つので、穴居性の種では親が間違って踏むのを防止する効果もあるはずだ。南の島にいるアホウドリやカツオドリなども白い卵を産む。島では捕食者も少ないので目立っても問題なく、熱い日差しを反射してゆで卵になるのを防ぐ機能もあると考えられる。

茶色い卵は白色より目立ちにくく隠蔽色になる。地上営巣するキジやヤマドリの卵は若干褐色を呈しているが、これはセキュリティ機能として役立っている可能性がある。それだけでなく、この色素には有害な微生物への耐性があることも示唆されている。赤玉卵は潔癖症の親から産まれる抗菌素材なのだ。

ウグイスの卵はきれいなチョコレート色だが、こちらには托卵対策の意味があるのかもしれない。カッコウ類は他種の巣に卵を産み付ける。托卵される側はたまったものではないので、自分の卵を見分ける機構を進化させる。ウグイスに似た卵色を持つ鳥はキヨロちゃんぐらいしかいないので、白い卵を托卵されても見分けることができるだろう。

しかし、ジオンがザクを開発すれば連邦はガンダムを開発する。ウグイスに托卵するホトトギスは、ウグイスを騙すためそっくりのチョコ色卵を進化させているのだ。もちろんウグイスも識別能力を向上させ、不審な卵があると巣を放棄する。両者の間では永遠の軍拡競争が続き、いつまで経ってもネオ・ジオンだのジオンの残党だのが登場するのだ。こうして、ウグイスはよりチョコ色の卵を産み、ホトトギスも遅れを取るまいとさらにビターなチョコ色卵を産むようになったのだろう。なお、ホトトギスは白色卵を産むムシクイ類にも赤色卵を産み付けるが、ムシクイ類は無頓着に育ててしまう。それでも彼らは絶滅していないのだから、ウグイスのがんばりが不憫でしょうがない。

コサギやゴイサギ、アオサギなどの卵は水色で、白同様によく目立つ。彼らは樹上で集団繁殖するため、何をどうしても巣が目立ってしまうので、隠蔽するつもりは毛頭ないのかもしれない。水色卵の色素であるビリベルジンには抗酸化作用という効能がある。ただし、抗酸化作用が卵にどう役立つのかはよく知らない。

これに対し、ウズラ型の斑点卵では捕食者に対するカモフラージュ効果が期待される。

開けた河原の砂礫地で営巣するコアジサシやイカルチドリの斑点卵は、M&M's中のマーブルチョコのごとしで、容易に見つけることはできない。

ただし、斑点卵はホオジロやモズなど樹上等で営巣する種でも見られる。彼らの巣も枯草や枝など褐色の素材で作られるので、白色卵よりは隠蔽性が高いだろう。それだけでなく、模様には他者の卵を見分ける機能もありそうだ。ホオジロやモズなどはカッコウの托卵を受ける。卵の模様は個体ごとに特徴を持つため、托卵を見分けやすくなる効果があると考えられる。一般に托卵を受けないシジュウカラやスズメなどでも卵に斑点があるが、これにより托卵阻止の砦となっているのかもしれない。このような模様は同種内でも個体ごとに差があるので、カッコウ類だけでなく種内での托卵を防止する役にも立っているだろう。

卵は種ごとに多様な色彩を持っているが、この外見は、視認性、抗菌性、托卵防止、隠蔽性などが原動力となって進化してきたのだ。

金の卵を産む鷲鳥

さて、最近衝撃を受けた事実がある。なんと、スズメバチやマルハナバチは卵を温めて孵すというのだ。確かにコオイムシやピパピパやカニのように卵を守る動物はいる。ただし、彼らは卵を守るだけで温めているわけではない。だってお前ら、外温動物じゃないか。

しかし、同じく外温動物であるハチは、翅の筋肉を運動させて発熱し卵を温めるのである。温めればそれだけ孵化が早まる。そうは言っても卵は蜂の巣状の小部屋に分かれて収納されており、普通に抱卵していては同時に1つしか温められない。そこで女王蜂は巣を支える軸を抱いて巣全体の温度を上げる。セントラルヒーティング方式である。抱卵というより抱巣だが、実に恐れ入った。

とはいえ、一部の例外を除くと卵を温める行動は一般的ではなく、鳥に特異的と言える。ハチの例では温めれば孵化が早まるが、温めなくともいずれは幼虫が生まれる。一方で鳥の場合は温めなくては発生が進まないため、自らの体温で積極的に抱卵しなくてはならない。

現生動物で鳥に最も近縁なグループはワニだ。彼らは卵を地中に埋め、太陽熱などで温める。現生爬虫類は外温動物なので体温は役に立たないし、不用意に母性を発揮すれば、その体重でうっかり卵を潰して自己嫌悪に陥ることだろう。

では、鳥が抱卵行動を始めたのはいつなのか。それは鳥類がまだ恐竜だった中生代のことだ。最近では鳥が恐竜から進化したことは広く受け入れられている。そして、恐竜の卵殻や巣の化石の研究は、鳥の直接の祖先である獣脚類恐竜が抱卵していたことを示している。一方、別の系統である竜脚類(りゅうきゃくるい)の恐竜などではワニのように地面に卵を埋め、地熱や発酵熱で温めていたと考えられている。これはより原始的な方法だと言える。

もともと恐竜の祖先は外温動物だっただろう。しかし、鳥の直接の祖先となる獣脚類恐竜は、鳥に進化するより以前に内温性を獲得していたと考えられている。このため、体熱による抱卵により効率的な孵化を実現できたのだ。そして彼らの中には、卵を一度にたくさん産まずに1つずつ産むタイプの種も出現していた。

また、獣脚類には原始的な羽毛を持つ恐竜が進化していたことが知られている。内温性を獲得した恐竜にとって、羽毛は体温を維持するために必要なアイテムだったはずだ。ただし彼らはまだ、これらの特徴が後に飛行という特殊な行動を誘発することを知らない。

抱卵行動は短期間での発生を促すことができるため、親が巣に拘束される期間が短縮される。このことは、鳥にとって最大の弱点となる飛べない期間が短くなることを意味する。卵をまとめて産まないという性質は、体内に同時に多くの卵を格納せずにすむことを意味し、親の体重増加が最小限に抑えられることになる。そして、体温維持に役立っていた羽毛は、いずれ翼を形作ることになる。空を飛ばない恐竜が偶然にもこのような条件を持っていたからこそ、鳥たちは飛行という特殊な行動に必要な軽量性や翼という飛翔器官を進化させることができたのだ。

もちろん抱卵行動や羽毛だけではない。獣脚類恐竜が二足歩行をし、長く湾曲した首を持ち、爪先立ちで走り回っていたからこそ、現代のニワトリも同様の性質を持っているのだと言える。

爬虫類から進化した恐竜が、後の飛行の進化の道を切り拓いた。現生動物としては近縁な鳥とワニの姿は似ても似つかないが、卵はその間をつなぐ共通点だ。「個体発生は系統発生を繰り返す」はヘッケルの反復説を端的に表現している。鳥の発生から成体に至る経路には進化の歴史が透けて見える。

産み落とされた小さな細胞は、卵の中で原始的な姿から雛になる。産毛で覆われた飛べない恐竜は、いずれ風切羽を得て鳥の姿を整える。そして然るべき日を迎えると空を飛び、我々の知る「鳥」になる。

鳥類学者の食卓

私たちは日常的にニワトリの肉を食べている。食べる時には、その肉の構造をつぶさに観察することができる。肉のついている骨の形態を確かめることができる。そして、さまざまな部位の肉を食べれば、鳥の姿の全体像を至近距離で把握することが可能となる。

ニワトリは、家禽化された特殊な鳥であることは間違いない。しかし、その体の中には、空を飛ぶ生物としての、すなわち鳥類としての進化の道筋が克明に記録されている。

ニワトリが先か、卵が先かと問われれば、実はその答えは簡単である。本書の冒頭で述べた通り、ニワトリは人間が生み出した家禽であり、その歴史は1万年に満たない。一方で、ニワトリの祖先であるセキショクヤケイはもちろん卵を産んでいた。そう考えると、間違いなく卵が先だ。しかし、鳥類学にとって意義ある点は、親よりも卵よりも何よりも、空を飛ばない恐竜が先にいたということだ。

無飛翔性の祖先は、飛行を誘発する条件を持っていた。事実、1億5000万年以上前に彼らは空に一翼をかざし、未知の世界への進出を試みた。しかし、飛行初心者のその体は、まだ祖先の名残りを引きずっている。歯のある口、肉々しい尾、重い体、いきなりタカのように自由自在に飛べたわけではない。べらぼうに長い時間をかけ、今に至る空を飛ぶための形を洗練させてきた。

私たちの食卓には、その成果がいとも簡単に紹介されている。真っ白なテーブルクロスに並ぶ小洒落たウェッジウッドに鎮座するのは、単なる栄養源であろうか。否、そこには博物館にも引けを取らない無限の情報が、気の遠くなるほどの長い進化の歴史が、私たちに見出されるのを今か今かと待っている。

いざ、活字を捨てて食事を始めよう。

それでは、謹んでイタダキマス。

主要参考文献

ソーア・ハンソン／黒沢令子(訳)(2013)羽――進化が生みだした自然の奇跡。白揚社。

ティム・バークヘッド／黒沢令子(訳)(2018)鳥の卵――小さなカプセルに秘められた大きな謎。白揚社。

松岡廣繁(総指揮)(2009)鳥の骨探。NTS。

犬塚則久(2006)恐竜ホネホネ学。日本放送出版協会。
R．フリント／浜本哲郎(訳)(2012)数値で見る生物学。丸善出版。
フランク・B．ギル／山階鳥類研究所(訳)(2009)鳥類学。新樹社。
小林快次(2015)恐竜は滅んでいない。角川新書。
盛口 満(2008)フライドチキンの恐竜学。ソフトバンククリエイティブ。
アラン・フェドゥーシア／黒沢令子(訳)(2004)鳥の起源と進化。平凡社。
Lovette, I. J. & Fitzpatrick, J. W. (2016) Handbook of Bird Biology 3rd ed. Wiley.
Hartman, F. A. (1961) Locomotor mechanisms of birds. Smithsonian Institution.
Kaiser, G. W. (2008) The Inner Bird: Anatomy and Evolution. Univ of British Columbia Press.
Dyce, K. M., Sack, W. O. & Wensing, C. J. G.／山内昭二・杉村 誠・西田隆雄(監訳)(1998)獣医解剖学第二版。近代出版。
鈴木隆雄、林 泰史(2003)骨の事典。朝倉書店。

Proctor, N. S. and Lynch, P. J.; With selected drawings by Susan Hochgraf(1998) Manual of Ornithology: Avian Structure and Function. Yale University Press.

その他、多数の論文を参考にさせていただきました。

現代文庫版あとがき　きょうりゅうたべたい

オセロの法則

「恐竜って、おいしいんですかね」

この本が出版されてから、そんな話題を小耳に挟むことがある。

鳥肉はおいしい。

恐竜はそのご先祖様なので、興味がわくのも無理からぬことだ。

恐竜からさらに遡ると、その祖先はワニに近い仲間から進化してきた。誤解を招くほど簡略化すると、ワニが恐竜になり、恐竜が鳥になったのだ。

ワニ肉は近所のお肉屋さんではあまり見かけないものの、少し頑張れば手に入る。ワニ肉の紹介では、しばしばこのように表現される。

「鳥肉と似た味です」

一般に生物進化の世界では、オセロの法則が適用される。

祖先と子孫が同じ性質を持っていれば、そのあいだの存在も同じ性質を持つと仮定する方法だ。そう考える方が、進化の回数が少なくて済むからである。

たとえば、鳥の祖先である獣脚類恐竜は二足歩行である。その子孫たる現生鳥類も二足歩行である。それならば、その進化の道筋の上にいる種はみんな二足歩行と考えてよい。途中でウェルズ型宇宙人のような多足歩行に進化し、もう一度二足歩行に戻ったと考えるよりも、もっともらしかろうという考え方だ。

もちろん例外的な事象もあるものの、合理的な考え方だ。

これに従うと、ワニが鳥味で、鳥が鳥味ならば、まぁ恐竜も鳥味だろうと考えられる。だからといって単純に恐竜がいわゆる鳥肉の味かというと、そうではなかろう。なぜならば、恐竜はとても多様性の高いグループだからだ。

恐竜と聞いて頭に浮かぶ映像は、人によって異なる。

たとえば、二大怪獣大激突的存在としてティラノサウルスとトリケラトプスがいる。これらはシルエットも生活も全く別物だ。

ティラノサウルスは2本足で歩き回り、鋭い牙で他の恐竜に襲いかかる頂点捕食者である。周囲の事情はおかまいなしに、誰彼問わず喧嘩を売る武闘派である。たぶん。

一方のトリケラトプスは4本足で歩く植物食の恐竜で、ツノとフリルはあくまで専守防衛の装備だ。売られた喧嘩は喜んで買う、闘う平和主義者だ。たぶん。

その他にも、首の長いアパトサウルスや、全身が鎧に包まれたアンキロサウルスなど、多種多様な恐竜がいる。

それもそのはずである。なにしろ恐竜は、中世代に1億5000万年以上にわたって地球上に君臨していた。これだけ長くにわたって好き放題に進化したことで、多様な生活と多様な形態を獲得し、世界のあらゆる地域に進出したのである。食物や行動が違えば、当然のことながら肉の味は異なるはずだ。

とはいえ、鳥も多様性を獲得している。

恐竜から鳥が進化したのは、約1億5000万年前のことだ。それから現代までのあいだには、さまざまなことがあった。

巨大隕石の落下、恐竜や翼竜の絶滅、哺乳類の台頭、度重なる氷河期。時には不安で眠れぬ夜もあったろう。

これらを乗り越え、恐竜と同程度の時間をかけて進化の道のりを歩み、やはり多様な生活を獲得し、世界各地に進出したのである。

鳥類と恐竜は直系親族であり、似たもの同士でもある。

そう考えると、やはり恐竜の肉の味は鳥から類推してもよさそうだ。よし、考えてみよう。

カニはおいしい

まずはニワトリ味の恐竜を探すのが王道だ。

ニワトリの肉は淡いピンクを呈している。これは筋肉に含まれるミオグロビンの少なさを示している。持続的に空を飛ぶことより、瞬発的な運動に適した筋肉だ。

あまり飛行せず、地面を走り続けるでもない。基本的には地上でのんびりと採食し、捕食者の襲撃などのイザという時だけ瞬発的に空を飛ぶ。ママに怒られた時だけキビキビ動くのび太的な生活が、彼らの淡白な筋肉を生んだのである。

ワニ肉は鳥肉に近いと言われている。この場合の鳥肉とはニワトリの肉であり、やはりこちらも淡いピンク色の筋肉を持っている。

彼らは水辺や水中を主な生息地としている。ワニは待ち伏せ型狩人であり、接近した動物に突如襲いかかり、ターゲットを絶望の淵に沈める必殺仕事人だ。

ワニとニワトリの肉の味が似ているのは、のび太生活を主軸とするという共通点によるものだろう。

では、ごゆるりと生活していそうな恐竜は何だろう。

恐竜時代は、恐竜がいたがゆえに仁義なき群雄割拠の大戦国時代となった。ティラノサウルスをはじめとした超絶捕食者が日夜徘徊する恐怖の世界だ。

小型の恐竜は大型恐竜の捕食におびえ、大型恐竜は超大型恐竜の捕食圧にさらされている。そんな中で、余裕綽々と生活しなくてはならない。

捕食者は、獲物を捕らえるためにせかせかと走り回る。獲物はもちろん捕食者から逃げ回る。両者とも簡単にはゆったり過ごせない。

スローライフを実践できるのは、防御力の高い植食恐竜あたりがよさそうだ。

ということは、アンキロサウルスなどの鎧竜がよさそうだ。彼らは鎧状の硬い装甲に守られている。頭部や尾にザクの肩のごとく立派なスパイクがついていたり、尾の先に武器になるハンマーがあったりする。

この恐竜を襲うことは労多くして得るもの少なく、悪手と言わざるを得ない。

しかも、これだけの装甲で守っているということは、おそらく中身は美味に違いない。立派な装甲を装備するにはそれだけのエネルギーがかかる。それだけコストをかけて守らざるを得ないほどの美味さと推察される。おいしいカニには棘があるということわざの通りだ。

というわけで、アンキロサウルスは鶏肉と似た淡白な味わいだったに違いない。

アンキロの肉を手に入れたら、焦ってはいけない。まずは1週間ほど熟成させよう。そうすることで肉が柔らかくなり、旨味が増す。

幼体の肉は柔らかくジューシーである。脂がのっていれば炭火で炙り、脂がのっていなければオリーブオイルでソテーして、塩胡椒とレモンでさっぱりと味わいたい。成体では肉がひきしまり幼体より硬い。圧力鍋でしっかりと煮込んで、旨味をひきだしてほしい。

防御用の武器を備えた恐竜という点では、トリケラトプスを代表とする角竜も候補となる。とはいえこちらは主に頭部に防御を集中させており、胴体には装甲を持たない。比較的軽量化された角竜の構造を考えると、鎧竜よりはアクティブな生活をしていそうである。

このため、トリケラはニワトリやアンキロよりも赤みが強く硬めだろう。植食者特有の香りのある肉はひき肉にして、ハンバーグで召し上がれ。

捕食者には気をつけて

一般に、雑多な動物を食べている肉食動物の肉は、臭みがあり食用にはお勧めされない。

とはいえ、ティラノサウルスを代表とする肉食恐竜は、恐竜の中の恐竜だ。食べたくなるのは、致し方あるまい。

鳥類で捕食者といえば、タカの仲間だ。世界には儀式的な理由でタカを食べる民族もいるようだが、それほど主流派とは言えない。

タカはあまり、食用としての価値は高くないのだ。

その理由はいくつか考えられる。まず、頂点捕食者であるため個体数が少なく、食用に狩猟するには効率が悪い。

味の問題もあるだろう。肉の味は食物の味が反映されやすい。タカ類は死肉食を行うこともあり、臭みが強そうだ。

そんなタカ類だが、実は日本にはタカ類を食べる文化を持っていた地域がある。沖縄の宮古島だ。

ここでは、秋に北方から渡ってくるサシバというタカを捕り、ジューシーという炊き込みご飯にして食べていたそうだ。これはなかなかに美味だったらしい。

サシバは数千、数万の集団で渡るので、季節になれば大量捕獲できる。また、主な食物は両生類や爬虫類、昆虫であり、雑多な動物や死体を食べるわけではない。食性が偏っているため、雑味が少ないのかもしれない。

一口にタカと言っても、種によって食性は異なっており、それゆえに肉の味も違うはずなのだ。

おそらく、ティラノサウルスの主な食物は小型の恐竜だろう。すなわち、食物が爬虫類に偏っていたということだ。また、ティラノサウルスは一時は腐肉食者説も呈されていたが、最近では否定されている。

これらのことを考えると、ティラノはサシバと似ていると言える。その肉は意外にも臭みが少なくおいしいかもしれない。

獲物を追いつめるスタミナにあふれた筋肉は、べらぼうに赤みが強くちょっとクセがある。狩猟直後にしっかりと血抜きすることが、おいしさの決め手だ。

ティラノの肉を調理するときには、ローズマリーやセージなどを多めに使ってよく揉んで、臭みをとっておこう。とはいえ、肉の味をきちんと味わいたいので、カレーに入れたりするのはもったいない。かたまりのままでグリルにする。よく運動した肉は硬いので、食べやすいよう薄めにスライスしよう。香辛料を入れたグレービーソースをかけて、生野菜と一緒に召し上がれ。

そういえば、捕食者の調理には一つ気をつけなくてはならないことがあった。それは感染症の予防だ。

捕食者は弱い動物を狙って襲う。それは時には病気で弱った個体かもしれない。このため、捕食者は感染症を保有しやすいと言える。

昨今話題になっている高病原性鳥インフルエンザは、タカやカラスなどの捕食者や死肉食者からよく検出されている。

あなたの仕留めたティラノサウルスも、なんらかのウィルスを保有しているかもしれない。肉にはしっかりと火を通し、調理器具もよく洗浄するよう心がけてほしい。

やはり活字を捨てて、食事に行こう

日本では2023年現在、26種の鳥が狩猟の対象として認められている。食用としてはキジやカモが一般的だが、狩猟鳥にはヒヨドリやタシギなども含まれており、食性も肉質もさまざまだ。

一般に、果実や種子を食べている鳥はおいしい傾向がある。ドングリをよく食べさせたイベリコ・ベジョータがおいしいのと同じだ。

肉のおいしさには、脂質に溶け込んだ香り成分が大きな役割を果たす。植物由来の成分で香りづけされた脂肪には、上品な風味があるのだ。

とすると、果実や種子を主食とする恐竜もおいしかったにちがいない。それは一体どんな恐竜だろう。

鳥肉の味は季節によっても異なる。スズメやヒヨドリは繁殖期には昆虫をよく食べるが、冬には種子食や果実食に偏る。彼らは冬になると脂肪を蓄積する。香味豊かな脂肪分を身にまとい、夏に比べて格段においしくなる。

中生代でも季節によって、手に入れやすい食物は異なっていたはずだ。それに合わせて恐竜も食性を変化させ、味に季節性があったにちがいない。旬の味覚を心待ちにするティラノサウルスの顔が目に浮かぶ。

もちろん、鳥肉と同じく恐竜も部位によって味が異なっている。内臓だって食べられる。軽快に走り回るデイノニクスのアキレス腱をおでんに入れたらどんなにおいしいことだろう。

最近はジビエ料理の流行もあり、普段は口にしない種類の鳥を味わうチャンスも得やすくなった。

さまざまな鳥を食べれば、未知の味への探求も深まり広がる。レストランの片隅でヤマシギのポワレを賞味しながら中生代に思いを馳せていることに、周りの誰も気づかない。そんな休日もまた贅沢だ。

さて今さらではあるが、本来味覚で堪能すべき肉の味を活字化しようとするのは野暮なことだ。

この先は、みなさん自身におまかせしたい。

舌の上に広がる鳥の世界を理解するには、経験に優るものはないのだから。

2023年2月

川上和人

解説　アナタノコト　シリツクシタイ

枝元なほみ

「鳥肉以上、鳥学未満。」

〈鳥、地面より上　星よりも下の空を飛ぶ〉みたいなことでしょうか。

鳥、空を飛ぶ生き物。不思議、だって人間は空を飛べないから。

空を飛ぶ能力をもつに至るまで、人類とは違う進化の長い道のりを生きてつないで、そして今を、わたしたちと共に生きるものたち。

その鳥たちの中で、わたしたち人類の食欲のために進化してくれたとも言えそうな、ニワトリに対して〈食べてしまいたいほど〉の溺愛を捧げたのがこの本なのですね。

アナタノコト　シリツクシタイ。

「さて本日は皆様にご好評をいただいております鳥学未満唐揚げを作らせていただきます。まず下準備として鶏の大腿部を分解いたしましてから、大腿四頭筋、および大腿二頭筋に、生姜とニンニクのすりおろし、酒、醬油に、好みで胡椒や花椒なども加えまして下味をつけます。半腱様筋、内閉鎖筋は粗く叩きましてから、固めに戻して刻んだ春雨と調味料を加え混ぜ、ナゲット状に形成いたします。次に梨状筋および縫工筋は細めの棒状に切りまして、クミン、コリアンダー、チリパウダーなどお好みのスパイスとオイル、塩胡椒にパン粉を少々加えてもみこみ、一口大にまとめます。それぞれに軽く米粉、または片栗粉などをまぶしまして、170〜180度の温度でからりと揚げると出来上がりです。」

鳥学未満・妄想料理教室でした。

「もももすもももとももとは関係ない」にあった鶏モモ肉、つまり鶏大腿部の〈覚える必要はないが〉と著者・川上和人さんがおっしゃる筋肉名に深い愛を感じました。なぜと言えば私ときたら、こんなに日々お世話になっているのにただの〈鶏モモ〉としか考えていなかったからです。申し訳ない、こんなに愛しているのに。

あなたのこと、もっと理解しなくちゃいけなかった。

あるとき、この本を出張に行く途中の新幹線、窓際の席で読んでいました。ふと目を外に向けてしばらくすると、鳥の飛ぶのが見えてその途端に私、上腕骨と飛翔筋の動きに思いを馳せました。さらに言えば見分けられるはずもない初列風切羽の形状にまで妄想は飛びました。上腕骨も飛翔筋も初列風切羽も、つい30分前までは知らなかった言葉。

知らなかった鳥の体の構造に思いを馳せちゃったわけです。あれですあの、映画の中の未来からやってきたターミネーター型ロボットが即座に相手の動きを透視・分析しちゃうような感じになったのでした。なんだかすごいところに連れられていくようでした。そしてその透視・分析の技が、唐揚げやモスチキンを食べながら習得できる、と指南するのが著者、川上さんでした。これまたすごすぎる。

鳥、それまでの私にとっては、ただ空中を飛んでいるものでした。または電線かなんかにぼんやりした間隔をとって並んでいるものでした。それがトンと背中を押された途端に飛び出して中空に浮いてしまったように鳥の見え方が変わり、そこから羽を広げて言えば、世界の見え方まで変わってしまうようでした。

少し話が脱線します。

その昔、申し訳ない言い方ですがちょっと印象がうすい感じのウダツの上がらなさそうな知り合いのおじさんが言いました。

「俺ね、昨日の夜、空を飛ぶ夢を見たんだよ。でもそれがさ、地面から30センチくらいの人の足元から膝の間くらいまでを、平泳ぎしているみたいな感じで飛んでんだよ。

まいったね。やっと飛んだというのに平泳ぎなんだよ、見えるのは人のふくらはぎなんだよ。」

世界の見え方が変わると言っても、急にアンデス山中を翼広げて滑空するなんていうふうに変わるわけじゃないんですねきっと。まずしみじみと詳しく調査すべきは、フライドチキンの骨や、ふくらはぎからってことでしょうか。

街中マンション暮らしの私の雑然としたベランダには、スズメとハトがやってきます。スズメ、超かわいい。でもハトはといえば、体も態度もデカくて果たしてどう思ったものか、あの図々しい感じにちょっと憎しみを覚えたりもしちゃうわけです。

窓ガラスのこちら側に私の気配がするだけで逃げ去るスズメとちがって、ハトはベランダに出る私を待ち構えて、10羽近くが堂々と集まってきます。〈今日のご飯、遅いんじゃね?〉といった感じ。一体どうしたものか、どうしてくれよう。私の存在をなんとこころえておるのか、であります。私が主催しているのは〈すずめ食堂〉であって〈鳩レストラン〉ではありません、と言いたくもなるわけで。

ハトたち、ベランダの張り出しにずらり並んでくつろぎタイムを催します。そんなハトにムカついて、窓ガラスをドン!! と叩くと、一斉にドワッと飛び立ちます。日々繰り返されるこの儀式を私は、土鳩を飛ばす〈一人開会式〉と呼んでおります。

ただ食べ物関係者として料理問題とともに食料配布問題なんかも考えてきた身でありまして、スズメにあげてハトにあげないというのもこれまたなんだかなあ、と思ったりもするわけで。まったく、〈平和的共存〉に関する悩みはつきません。

すずめ食堂のメインメニューは古米、その中でもコクゾウムシなんかがついてしまった古米はタンパク質のおかず付き、豪華です。バランスのとれたいいご飯、それをスズメたちが食べる前にハト、あんたたちにむさぼり食べられたくないのです。

それなのにハトの一個大隊がやってきて、ものすごい勢いで首を上下させて食べるのであります、食べ尽くすのであります。

その首の動きに関して、「捨てるトリあれば、拾うガラあり」に以下のようにあります。

「鳥の首は多数の頸椎の連なりによってしなやかな運動を実現しているが、この運動を担保しているのは強靱かつ繊細な筋肉である。関節が多ければ、これに応じて多くの筋肉が必要になり、頸椎の周囲には200を超える筋肉と腱が複雑にまとわりついている。」

ハトと鶏では首の長さが多少違うような気もしますけれど、でもこれが、鶏の〈セセリ〉の正体だったなんて！　なんだかびっくりで自分の下アゴがガクンと下がっちゃうような気になりました。

私は料理研究家を生業としております。ウマイを追求したり多少なり〈栄養のあるなし〉なぞ語ったりせねばならぬ時もあります。でもこんなふうに〈セセリ〉を頸椎と200超えの筋肉や腱と分解して考えてみることができるとは、なんともレントゲン目線を獲得した気になりました。

鶏のガラでスープをとるのは、私の使命のようなものです。鍋の中の鶏ガラは、ごろりと丸い裸の背中を見せて、四肢をかたじけないのポーズに折り畳んだ丸鶏とも、農家の庭先を駆け廻る生前の姿ともちがう、骨格標本としての、骨のあるお姿です。

「まずグラグラと沸かした湯の中に鶏ガラ2〜3羽分を入れて肉色が白っぽく変化するまで茹でます。ザルにあげて湯を切ってから、流水をかけて少し冷まし、ガラの内側、内臓のあったあたりをアクとなって出てくる血を落とすためにすすぎます。肩甲骨に烏口骨、叉骨、胸骨、竜骨突起、胸椎、肋骨、この本の扉に出てくる図にある骨たちに囲まれた部分、両方の掌を少し丸めて合わせたような形の胴体の部分のその内側をこするようにして洗います。その後鍋に戻してたっぷりの水を加えて火にかけて、沸騰したらアクをとって生姜でもネギでも粒胡椒でも、洋風ならローリエの1〜2枚に好みで玉ねぎにんじんセロリなどの香味野菜の切れ端を入れて、弱火で2時間ほど煮出します。」

確かに多少の肉はついているものの、ごりっとした骨の一体どこから、こんなふうに味が出てくるのでありましょう。不思議。そう思うと、味ってなんだというところにまで遡って考えなくちゃ、とも思えてくるわけで。

かすかに残っていた肉の味、骨の味。生の真髄の、鶏の動いて生きていたことが作った味。

鶏ガラスープはうまいです。料理研究家としまして私、これまでいくつものスープ特集に取り組んだり本にまとめたりしてきました。各種スープを集めた1冊では、和洋中に加えて、各国自慢のスープを検討し、新鮮な具の組み合わせを試行錯誤してきました。でもですね、何よりも撮影スタッフが〈うまい！〉と褒めてくれるのは、豪華な具でも今どきのビジュアルや味付けでもなく、スープベースの味わい、水分に溶け出した旨味に対してなのです。きちんととった鶏がらスープを使えばだいたいは〈うまい！〉と言っていただける。

それこそ最近はインスタントのスープの素も無添加だったりと上質なものもたくさん出ていて美味しいのですが、やっぱり鶏ガラから煮出したものをベースに作ると〈格が違う！〉となります。それこそ骨格のしっかりした味わい。煮出して乾燥してと、あまたの工程を経て工場のベルトコンベアーを通ってやってきたコンソメと違って、鶏が生きていた事実にすごく近い、キッチンで煮出した鶏ガラスープ。〈生きていたというリアル〉の凄さを思います。

恐竜だった時代から生をつないで遺伝子を少しずつ変化させ、羽を得て、空中に居場所を求め飛ぶことを選んだ鳥たち。そしてそこから、わたしたちを養うところにまで進化を遂げてくれたニワトリたち。

「いざ、活字を捨てて食事を始めよう。」という川上さんのエンディングの言葉に従って食卓について、目の前の一皿にのった、鳥たちの長い進化の歴史を胃の腑に収めようと思います。

「それでは謹んで　イタダキマス。」

（料理研究家）

本書は雑誌『科学』連載「鳥学キッチン」（２０１４年９月号〜２０１７年７月号）をもとに加筆修正したものであり、２０１９年２月、岩波書店より刊行された。

鳥肉以上、鳥学未満。—Human Chicken Interface

2023年4月14日　第1刷発行

著　者　川上和人（かわかみかずと）

発行者　坂本政謙

発行所　株式会社 岩波書店
〒101-8002 東京都千代田区一ツ橋 2-5-5
案内 03-5210-4000　営業部 03-5210-4111
https://www.iwanami.co.jp/

印刷・精興社　製本・中永製本

© Kazuto Kawakami 2023
ISBN 978-4-00-603337-8　Printed in Japan

岩波現代文庫創刊二〇年に際して

二一世紀が始まってからすでに二〇年が経とうとしています。この間のグローバル化の急激な進行は世界のあり方を大きく変えました。世界規模で経済や情報の結びつきが強まるとともに、国境を越えた人の移動は日常の光景となり、今やどこに住んでいても、私たちの暮らしは世界中の様々な出来事と無関係ではいられません。しかし、グローバル化の中で否応なくもたらされる「他者」との出会いや交流は、新たな文化や価値観だけではなく、摩擦や衝突、そしてしばしば憎悪までをも生み出しています。グローバル化にともなう副作用は、その恩恵を遥かにこえていると言わざるを得ません。

今私たちに求められているのは、国内、国外にかかわらず、異なる歴史や経験、文化を持つ「他者」と向き合い、よりよい関係を結び直してゆくための想像力、構想力ではないでしょうか。

新世紀の到来を目前にした二〇〇〇年一月に創刊された岩波現代文庫は、この二〇年を通して、哲学や歴史、経済、自然科学から、小説やエッセイ、ルポルタージュにいたるまで幅広いジャンルの書目を刊行してきました。一〇〇〇点を超える書目には、人類が直面してきた様々な課題と、試行錯誤の営みが刻まれています。読書を通した過去の「他者」との出会いから得られる知識や経験は、私たちがよりよい社会を作り上げてゆくために大きな示唆を与えてくれるはずです。

一冊の本が世界を変える大きな力を持つことを信じ、岩波現代文庫はこれからもさらなるラインナップの充実をめざしてゆきます。

（二〇二〇年一月）

S281
ゆびさきの宇宙
福島智・盲ろうを生きて
生井久美子
盲ろう者として幾多のバリアを突破してきた東大教授・福島智の生き方に魅せられたジャーナリストが密着、その軌跡と思想を語る。

S282
釜ヶ崎と福音
―神は貧しく小さくされた者と共に―
本田哲郎
神の選びは社会的に貧しく小さくされた者の中にこそある！　釜ヶ崎の労働者たちと共に二十年を過ごした神父の、実体験に基づく独自の聖書解釈。

S283
考古学で現代を見る
田中琢
新発掘で本当は何が「わかった」といえるか？　考古学とナショナリズムとの危うい関係とは？　発掘の楽しさと現代とのかかわりを語るエッセイ集。〈解説〉広瀬和雄

S284
家事の政治学
柏木博
急速に規格化・商品化が進む近代社会の軌跡と重なる「家事労働からの解放」の夢。家庭という空間と国家、性差、貧富などとの関わりを浮き彫りにする社会論。

S285
河合隼雄の読書人生
―深層意識への道―
河合隼雄
臨床心理学のパイオニアの人生に影響をおよぼした本とは？　読書を通して著者が自らの人生を振り返る、自伝でもある読書ガイド。
〈解説〉河合俊雄

S286
平和は「退屈」ですか
―元ひめゆり学徒と若者たちの五〇〇日―
下嶋哲朗

沖縄戦の体験を、高校生と大学生が語り継ぐプロジェクトの試行錯誤の日々を描く。社会人となった若者たちに改めて取材した新稿を付す。

S287
野口体操入門
―からだからのメッセージ―
羽鳥操

「人間のからだの主体は脳でなく、体液である」という身体哲学をもとに生まれた野口体操。その理論と実践方法を多数の写真で解説。

S288
日本海軍はなぜ過ったか
―海軍反省会四〇〇時間の証言より―
澤地久枝
半藤一利
戸髙一成

勝算もなく、戦争へ突き進んでいったのはなぜか。「勢いに流されて――」。いま明かされる海軍トップエリートたちの生の声。肉声の証言がもたらした衝撃をめぐる白熱の議論。

S289–290
アジア・太平洋戦争史（上・下）
―同時代人はどう見ていたか―
山中恒

いったい何が自分を軍国少年に育て上げたのか。三〇年来の疑問を抱いて、戦時下の出版物を渉猟し書き下ろした、あの戦争の通史。

S291
戦下のレシピ
―太平洋戦争下の食を知る―
斎藤美奈子

十五年戦争下の婦人雑誌に掲載された料理記事を通して、銃後の暮らしや戦争について知るための「読めて使える」ガイドブック。文庫版では占領期の食糧事情について付記した。

S292
食べかた上手だった日本人
―よみがえる昭和モダン時代の知恵―
魚柄仁之助

八〇年前の日本にあった、モダン食生活のユートピア。食料クライシスを生き抜くための知恵と技術を、大量の資料を駆使して復元!

S293
新版 報復ではなく和解を
―ヒロシマから世界へ―
秋葉忠利

長年、被爆者のメッセージを伝え、平和活動を続けてきた秋葉忠利氏の講演録。好評を博した旧版に三・一一以後の講演三本を加えた。

S294
新島襄
和田洋一

キリスト教を深く理解することで、日本の近代思想に大きな影響を与えた宗教家・教育家、新島襄の生涯と思想を理解するための最良の評伝。〈解説〉佐藤優

S295
戦争は女の顔をしていない
スヴェトラーナ・アレクシエーヴィチ
三浦みどり訳

ソ連では第二次世界大戦で百万人をこえる女性が従軍した。その五百人以上にインタビューした、ノーベル文学賞作家のデビュー作にして主著。〈解説〉澤地久枝

S296
ボタン穴から見た戦争
―白ロシアの子供たちの証言―
スヴェトラーナ・アレクシエーヴィチ
三浦みどり訳

一九四一年にソ連白ロシアで十五歳以下の子供だった人たちに、約四十年後、戦争の記憶がどう刻まれているかをインタビューした戦争証言集。〈解説〉沼野充義

2023.4

S297
フードバンクという挑戦
―貧困と飽食のあいだで―
大原悦子
食べられるのに捨てられてゆく大量の食品。一方に、空腹に苦しむ人びと。両者をつなぐフードバンクの活動の、これまでとこれからを見つめる。

S298
いのちの旅
「水俣学」への軌跡
原田正純
水俣病公式確認から六〇年。人類の負の遺産「水俣」を将来に活かすべく水俣学を提唱した著者が、様々な出会いの中に見出した希望の原点とは。〈解説〉花田昌宣

S299
紙の建築　行動する
―建築家は社会のために何ができるか―
坂茂
地震や水害が起きるたび、世界中の被災者のもとへ駆けつける建築家が、命を守る建築の誕生とその人道的な実践を語る。カラー写真多数。

S300
犬、そして猫が生きる力をくれた
―介助犬と人びとの新しい物語―
大塚敦子
保護された犬を受刑者が介助犬に育てるという米国での画期的な試みが始まって三〇年。保護猫が刑務所で受刑者と暮らし始めたこと、元受刑者のその後も活写する。

S301
沖縄　若夏の記憶
大石芳野
戦争や基地の悲劇を背負いながらも、豊かな風土に寄り添い独自の文化を育んできた沖縄。その魅力を撮りつづけてきた著者の、珠玉のフォトエッセイ。カラー写真多数。

岩波現代文庫[社会]

S302
機会不平等
斎藤貴男

機会すら平等に与えられない〝新たな階級社会の現出〟を粘り強い取材で明らかにした衝撃の著作。最新事情をめぐる新章と、森永卓郎氏との対談を増補。

S303
私の沖縄現代史
―米軍支配時代を日本(ヤマト)で生きて―
新崎盛暉

敗戦から返還に至るまでの沖縄と日本の激動の同時代史を、自らの歩みと重ねて描く。日本(ヤマト)で「沖縄を生きた」半生の回顧録。岩波現代文庫オリジナル版。

S304
私の生きた証はどこにあるのか
―大人のための人生論―
H.S.クシュナー
松宮克昌訳

私の人生にはどんな意味があったのか? 人生の後半を迎え、空虚感に襲われる人々に旧約聖書の言葉などを引用し、悩みの解決法を提示。岩波現代文庫オリジナル版。

S305
戦後日本のジャズ文化
―映画・文学・アングラ―
マイク・モラスキー

占領軍とともに入ってきたジャズは、アメリカそのものだった! 映画、文学作品等の中のジャズを通して、戦後日本社会を読み解く。

S306
村山富市回顧録
薬師寺克行編

戦後五五年体制の一翼を担っていた日本社会党は、その誕生から常に抗争を内部にはらんでいた。その最後に立ち会った元首相が見たものは。

2023.4

S307
大逆事件
―死と生の群像―
田中伸尚

天皇制国家が生み出した最大の思想弾圧「大逆事件」。巻き込まれた人々の死と生を描き出し、近代史の暗部を現代に照らし出す。〈解説〉田中優子

S308
「どんぐりの家」のデッサン
漫画で障害者を描く
山本おさむ

かつて障害者を漫画で描くことはタブーだった。漫画家としての著者の経験から考えてきた、障害者を取り巻く状況を、創作過程の試行錯誤を交え、率直に語る。

S309
鎖塚
―自由民権と囚人労働の記録―
小池喜孝

北海道開拓のため無残な死を強いられた囚人たちの墓、鎖塚。犠牲者は誰か。なぜその地で死んだのか。日本近代の暗部をあばく迫力のドキュメント。〈解説〉色川大吉

S310
聞き書 野中広務回顧録
御厨貴
牧原出 編

二〇一八年一月に亡くなった、平成の政治をリードした野中広務氏が残したメッセージ。五五年体制が崩れていくときに自民党の中で野中氏が見ていたものは。〈解説〉中島岳志

S311
不敗のドキュメンタリー
―水俣を撮りつづけて―
土本典昭

『水俣―患者さんとその世界―』『医学としての水俣病』『不知火海』などの名作映画の作り手の思想と仕事が、精選した文章群から甦る。〈解説〉栗原彬

2023. 4

岩波現代文庫[社会]

S312
増補 隔離 ―故郷を追われたハンセン病者たち―
徳永進

らい予防法が廃止され、国の法的責任が明らかになった後も、ハンセン病隔離政策が終わり解決したわけではなかった。回復者たちの現在の声をも伝える増補版。〈解説〉宮坂道夫

S313
沖縄の歩み
国場幸太郎
新川明 鹿野政直編

米軍占領下の沖縄で抵抗運動に献身した著者が、復帰直後に若い世代に向けてやさしく説き明かした沖縄通史。幻の名著がいま蘇る。〈解説〉新川明・鹿野政直

S314
ぼくたちはこうして学者になった ―脳・チンパンジー・人間―
松本元
松沢哲郎

「人間とは何か」を知ろうと、それぞれ新たな学問を切り拓いてきた二人は、どのような生い立ちや出会いを経て、何を学んだのか。

S315
ニクソンのアメリカ ―アメリカ第一主義の起源―
松尾文夫

白人中産層に徹底的に迎合する内政と、中国との和解を果たした外交。ニクソンのしたたかな論理に迫った名著を再編集した決定版。〈解説〉西山隆行

S316
負ける建築
隈研吾

コンクリートから木造へ。「勝つ建築」から「負ける建築」へ。新国立競技場の設計に携わった著者の、独自の建築哲学が窺える論集。

S317
全盲の弁護士　竹下義樹
小林照幸

視覚障害をものともせず、九度の挑戦を経て弁護士の夢をつかんだ男、竹下義樹。読む人の心を揺さぶる傑作ノンフィクション！

S318
一粒の柿の種
―科学と文化を語る―
渡辺政隆

身の回りを科学の目で見れば…。その何と楽しいことか！　文学や漫画を科学の目で楽しむコツを披露。科学教育や疑似科学にも一言。〈解説〉最相葉月

S319
聞き書　緒方貞子回顧録
野林健
納家政嗣編

「人の命を助けること」、これに尽きます――。国連難民高等弁務官をつとめ、「人間の安全保障」を提起した緒方貞子。人生とともに、世界と日本を語る。〈解説〉中満泉

S320
「無罪」を見抜く
―裁判官・木谷明の生き方―
木谷明
山田隆司
嘉多山宗聞き手・編

有罪率が高い日本の刑事裁判において、在職中いくつもの無罪判決を出し、その全てが確定した裁判官は、いかにして無罪を見抜いたのか。〈解説〉門野博

S321
聖路加病院　生と死の現場
早瀬圭一

医療と看護の原点を描いた『聖路加病院で働くということ』に、緩和ケア病棟での出会いと別れの新章を増補。〈解説〉山根基世

S322
菌世界紀行
―誰も知らないきのこを追って―
星野 保

大の男が這いつくばって、世界中の寒冷地にきのこを探す。雪の下でしたたかに生きる菌たちの生態とともに綴る、とっておきの〈菌道中〉。〈解説〉渡邊十絲子

S323-324
キッシンジャー回想録 中国(上・下)
ヘンリー・A・キッシンジャー
塚越敏彦ほか訳

世界中に衝撃を与えた米中和解の立役者であるキッシンジャー。国際政治の現実と中国の論理を誰よりも知り尽くした彼が綴った、決定的「中国論」。〈解説〉松尾文夫

S325
井上ひさしの憲法指南
井上ひさし

「日本国憲法は最高の傑作」と語る井上ひさし。憲法の基本を分かりやすく説いたエッセイ、講演録を収めました。〈解説〉小森陽一

S326
増補版 日本レスリングの物語
柳澤 健

草創期から現在まで、無数のドラマを描きる日本レスリングの「正史」にしてエンターテインメント。〈解説〉夢枕 獏

S327
抵抗の新聞人 桐生悠々
井出孫六

日米開戦前夜まで、反戦と不正追及の姿勢を貫きジャーナリズム史上に屹立する桐生悠々。その烈々たる生涯。巻末には五男による〈親子関係〉の回想文を収録。〈解説〉青木 理

岩波現代文庫[社会]

S328
人は愛するに足り、真心は信ずるに足る
―アフガンとの約束―
中村　哲
澤地久枝(聞き手)

戦乱と劣悪な自然環境に苦しむアフガンで、人々の命を救うべく身命を賭して活動を続けた故・中村哲医師が熱い思いを語った貴重な記録。

S329
負け組のメディア史
―天下無敵　野依秀市伝―
佐藤卓己

明治末期から戦後にかけて「言論界の暴れん坊」の異名をとった男、野依秀市。忘れられた桁外れの鬼才に着目したメディア史を描く。〈解説〉平山　昇

S330
ヨーロッパ・コーリング・リターンズ
―社会・政治時評クロニクル2014-2021―
ブレイディみかこ

人か資本か。優先順位を間違えた政治は希望を奪い貧困と分断を拡大させる。地べたから英国を読み解き日本を照らす、最新時評集。

S331
増補版 悪役レスラーは笑う
―「卑劣なジャップ」グレート東郷―
森　達也

第二次大戦後の米国プロレス界で「卑劣な日本人」を演じ、巨万の富を築いた伝説の悪役レスラーがいた。謎に満ちた男の素顔に迫る。

S332
戦争と罪責
野田正彰

旧兵士たちの内面を精神病理学者が丹念に聞き取る。罪の意識を抑圧する文化において豊かな感情を取り戻す道を探る。

S333
孤塁
―双葉郡消防士たちの3・11―
吉田千亜

原発が暴走するなか、住民救助や避難誘導、原発構内での活動にもあたった双葉消防本部の消防士たち。その苦闘を初めてすくいあげた迫力作。新たに『「孤塁」その後』を加筆。

S334
ウクライナ 通貨誕生
―独立の命運を賭けた闘い―
西谷公明

自国通貨創造の現場に身を置いた日本人エコノミストによるゼロからの国づくりの記録。二〇一四年、二〇二二年の追記を収録。〈解説〉佐藤 優

S335
「科学にすがるな！」
―宇宙と死をめぐる特別授業―
佐藤文隆
艸場よしみ

「死とは何かの答えを宇宙に求めるな」と科学論に基づいて答える科学者vs.死の意味を問い続ける女性。3・11をはさんだ激闘の記録。〈解説〉サンキュータツオ

S336
増補 空疎な小皇帝
「石原慎太郎」という問題
斎藤貴男

差別的な言動でポピュリズムや排外主義を煽りながら、東京都知事として君臨した石原慎太郎。現代に引き継がれる「負の遺産」を、いま改めて問う。新取材を加え大幅に増補。

S337
鳥肉以上、鳥学未満。
―Human Chicken Interface―
川上和人

ボンジリってお尻じゃないの？ 鳥の首はろくろ首!? トリビアもネタも満載。キッチンから始まる、とびっきりのサイエンス。〈解説〉枝元なほみ

2023.4

岩波現代文庫[社会]

S338-339

あしなが運動と玉井義臣(上・下)
——歴史社会学からの考察——

副田義也

日本有数のボランティア運動の軌跡を描き出し、そのリーダー、玉井義臣の活動の意義を歴史社会学的に考察。〈解説〉苅谷剛彦

2023. 4